# GARTEN DER SINNE

Erika Markmann

# GARTEN DER SINNE

## FARBEN, FORMEN, DÜFTE

ULMER

# Inhalt

# Vorwort

## Sinnliche Gedanken

„Was kann das Auge zu sehen verlangen, das Ohr zu hören, der Mund zu schmecken, die Nase zu riechen, das ein Garten nicht gewährt?“ Auch wenn dieser Ausspruch eines Engländers namens Lawson fast vierhundert Jahre alt ist, hat er doch heute noch Gültigkeit. Zwar haben sich die Gärten inzwischen gewandelt. Sinnliches Vergnügen im Garten ist nun wieder in unseren hektischen Zeiten angesagt. Das Spiel mit Farben und Formen kann Ihre Augen begeistern, das sanfte Murmeln eines Wasserspiels Ihre Ohren faszinieren. Hände und Füße erfühlen ganz besondere Strukturen. All die vielen Gaumenfreuden lassen Ihre Geschmacksnerven jubilieren. Und wenn zarteste Düfte Ihre Nase kitzeln, bekommt das Wort Aromatherapie auch für Sie eine neue Bedeutung. So ein Garten für alle Sinne steckt voll magischer Momente.

Für einen sinnlichen Garten sollten Sie aber neben den fünf bekannten Sinnen Sehen, Hören, Fühlen, Riechen und Schmecken unbedingt noch einen sechsten aktivieren: das Genießen. Legen Sie die Schere beiseite, vergessen Sie den vorwitzigen Grashalm, der sich nicht ins Gesamtbild fügen will. Schieben Sie stattdessen den Gartenstuhl unter einen duftenden Rosenbusch, um zu relaxen und sich an Ihrem grünen Paradies zu erfreuen. Füllen Sie den Garten nicht nur mit Ideen und Träumen, sondern verwirklichen Sie dort Ihr ganz persönliches Anti-Stress-Programm.

**Sinnbild fürs Genießen: Ein Garten, der das Herz erfreut**

Gartenarchitekten haben für solche genussvollen Gärten inzwischen eine neue Bezeichnung erfunden: „Wellness-Garten“. So modern das klingt, gemeint ist damit ganz einfach eine Oase zum Wohlfühlen, die Ihre Seele beruhigt, Alltagssorgen vergessen lässt und Ihnen ein kleines Stückchen vom Garten Eden gibt.

# Ambiente:
# Der Garten zum Sehen

# Die schönsten Augen-Blicke

Das Sehen ist der wichtigste Sinn, den wir besitzen: Er produziert fast 40 Prozent aller Eindrücke, die wir wahrnehmen. Zwar sehen wir mit den Augen – viel wichtiger aber dabei ist das Gehirn. Denn das sortiert eine Fülle von Einzelbildern, und macht erst ein Gesamtbild daraus.

Aber nicht jeder sieht gleich gut. Und damit ist nicht die Sehschärfe gemeint. Mancher geht an den schönsten Dingen vorbei, ohne sie überhaupt wahrzunehmen. Ein anderer registriert schon die kleinste Veränderung in seiner Umgebung und freut sich selbst über scheinbar Unscheinbares.

Sehen im Garten hat viel mit Farben zu tun. Das sind vor allem bunte Blüten, die sich, wenn die Bepflanzung geschickt geplant ist, fast das ganze Jahr über zeigen. Aber auch Blätter können sich sehen lassen. Manche sind schon von Natur aus herrlich gemustert. Andere laufen im Herbst zur Hochform auf, wenn sie sich leuchtend rot oder gelb verfärben.

Licht und Schatten, selbst die Tageszeiten verändern die Farben im Garten, sodass immer wieder neue Sinneseindrücke entstehen. Auch auf Formen und Strukturen kommt es an. Das können solche sein, die Mutter Natur geschaffen hat, aber auch Kunstwerke, die mit der Heckenschere gezaubert wurden. Die Jahreszeiten spielen natürlich eine Rolle. Wie schön kann ein Garten im Winter sein, obwohl es nach Meinung vieler gar nicht mehr viel zu sehen gibt.

Ob sich Ihr Garten sehen lassen kann, entscheiden Sie selbst: Durch die Wahl der richtigen Pflanzen, durch harmonische Kombinationen, durch die Gestaltung der Beete. Natürlich auch dadurch, dass Sie die richtige Pflanze an den richtigen Platz setzen.

**Tulpen und Blaukissen: Eine Wohltat für das Auge**

**Ein tiefes Beet sollte von vorn nach hinten in der Höhe gestaffelt bepflanzt sein**

# Blumenbeete schön gestalten

Damit Blumenbeete wirklich gut aussehen, Ihre Rabatte also zum Volltreffer wird, reicht es nicht, einfach Ihre Lieblingspflanzen nebeneinander zu setzen. Sie sollten einige Grundregeln der Gestaltung beachten:

Wichtig sind die Maße des Beetes. Die Länge bleibt Ihnen überlassen. Die Breite aber sollte möglichst zwei Meter betragen. Denn nur dann haben Sie genug Platz, um Blumen in Höhenabstufungen zu pflanzen. Gerade diese Höhenstaffelungen sind es, die zum Beispiel den berühmten englischen Staudenbeeten ihr fantastisches Aussehen geben. Natürlich kommen die höchsten Blumen nach hinten, die halbhohen in die Mitte und die niedrigsten an den Rand. Wichtig für Pflanzen an der Vorderfront: Ihre Blätter müssen bis zum Boden reichen, damit keine Stiele zu sehen sind. Gut geeignet ist etwa Frauenmantel. Leichte Wellenbewegungen, mal etwas höhere, mal etwas niedrigere Bereiche, bringen Schwung in Ihr Beet. Ebenso kommt es auf den passenden Rahmen, den Hintergrund fürs Beet an. Eine Blumeninsel mitten im Rasen mag zwar nett sein, besitzt sie aber keinerlei Bezug zum restlichen Garten, wirkt sie langweilig. Die beste Fernwirkung entfalten Blumenbeete vor Bäumen und Sträuchern, vor einer Hecke oder Mauer. Liegt ein Beet vor einer Mauer, halten Sie mit den hintersten Blumen etwas Abstand, damit Luft zirkulieren kann.

**TIPP**

**Frühlingsblühende Zwiebelblumen so aufs Beet setzen, dass ihre welkenden Blätter von davor stehenden langsam wachsenden und später blühenden Blumen verdeckt werden können.**

## In Gruppen pflanzen

Zwar gibt es unter den Blumen auch herrliche Solisten, die meisten aber sehen besser in Gruppen aus. Die Größe der Gruppe hängt von der Größe der Pflanze ab. Bei hohen wie etwa Rittersporn reichen vier bis fünf Pflanzen für eine Gruppe. Bei ganz kleinen wie Bodendeckern dürfen es zwanzig sein. Gruppen dürfen sich in einem Beet mehrmals wiederholen. Denken Sie daran, dass die Blumen noch wachsen: Nicht zu dicht setzen! Halten Sie sich an diese Durchschnittszahlen. Pro Quadratmeter

- drei hohe Stauden
- oder fünf halbhohe
- oder acht niedrige
- oder zwölf Bodendecker

Entwerfen Sie einen Pflanzplan: Dazu zeichnen Sie sich den Grundriss des Beetes auf und tragen Farben, Höhen und Blütezeit der ausgesuchten Blumen ein. Auf dem Papier können Sie so lange korrigieren, bis alles am richtigen Platz steht. Haben Sie die Blumen eingekauft, werden sie wie im Plan vorgesehen an die entsprechenden Beetstellen gelegt, natürlich mit entsprechendem Abstand, dann erst eingepflanzt.

### Blüten zu jeder Jahreszeit

Planen Sie Ihren Garten so, dass zu jeder Jahreszeit irgendwo etwas Blühendes zu sehen ist. Dann bietet er zwölf Monate im Jahr ein sinnliches Erlebnis. Das Blühen beginnt im Februar mit den ersten Schneeglöckchen und Krokussen, denen Tulpen und Vergissmeinnicht folgen. Im Sommer blüht es überall in Hülle und Fülle. Herbstakzente setzen Astern, Heidekraut und Chrysanthemen. Und selbst im

Winter braucht ein Garten nicht blütenlos zu sein: Schneeheide und die zauberhaften Christrosen haben dann ihren großen Auftritt. Winterblüher sollten Sie übrigens immer dicht ans Haus setzen, sodass sie auch vom Fenster aus zu sehen sind. Schließlich gehen Sie in der kalten und nassen Jahreszeit nicht so oft nach draußen wie an schönen Sommertagen.

### Blumenmeere

Ein echter Augenschmaus im Garten sind Blütenteppiche aus früh blühenden Zwiebelblumen. Allerdings müssen Sie am Anfang ordentlich was in die Erde stecken – hundert Zwiebeln sollten es selbst für eine Teppichinsel schon sein.

Wenn Sie sich für Schneeglöckchen, Winterlinge, Krokusse, Blausternchen oder Märzbecher entscheiden, sorgen diese ganz von allein für weitere Fülle: Sie breiten sich von Jahr zu Jahr mehr aus.

### 10 Regeln für Ihr Blumenbeet

**1.** Setzen Sie jede Blume an den richtigen Platz, in Sonne oder Schatten, feuchten oder eher trockenen Boden.
**2.** Bereiten Sie den Boden gut vor: Alle Steine und Unkräuter heraussammeln und ihn mit Kompost verbessern.
**3.** Die beste Pflanzzeit ist im Frühjahr und im Frühherbst. Containerpflanzen können jederzeit in die Erde.
**4.** Kaufen Sie Qualität: Achten Sie auf gut durchwurzelte Ballen und Pflanzen mit mindestens zwei Trieben.
**5.** Setzen Sie die Pflanzen im richtigen Abstand, der umso größer ist, je höher die Pflanzen werden.
**6.** Hohe Blumen brauchen eine Stütze, damit sie nicht umfallen.
**7.** Düngen Sie Beet- und Prachtstauden reichlich, Wildstauden wenig.
**8.** Entfernen Sie regelmäßig welke Blüten, dann wachsen neue Knospen nach.
**9.** Blumen wie Rittersporn und Salbei blühen ein zweites Mal, wenn sie nach der ersten Blüte kurz über dem Boden gekappt werden.
**10.** Wenn Stauden nach einigen Jahren nicht mehr gut blühen, werden sie verjüngt: Aus der Erde nehmen, in mehrere Stücke teilen, schlechte wegwerfen, gute wieder einpflanzen.

**TIPP**

**Entwerfen Sie einen Pflanzplan, in den Sie Farben, Höhen und Blütezeit eintragen.**

Ein Meer aus Tulpen

# Farbenspiele

**TIPP**

**Der weiße Garten von Sissinghurst der englischen Gartenliebhaberin Vita Sackville-West gehört zu den berühmtesten unseres Jahrhunderts.**

Farbe ist für einen sinnlichen Garten etwas ganz Wichtiges. Denn damit kann man die verschiedensten Stimmungen ausdrücken, Gefühle von Wärme oder Kühle vermitteln, einen Garten geheimnisvoll oder lichtdurchflutet erscheinen lassen. Mit den richtigen Farben werden kleine Gärten optisch größer und langweilige Ecken interessanter.

Kräftige Farben wirken bei intensiver Mittagssonne gut. Pastelltöne sehen im sanften Morgen- und Abendlicht besonders schön aus.

## Weiß ist elegant und edel

Physikalisch betrachtet ist die Farbe Weiß gar keine richtige Farbe. Im Garten aber bietet sie unendliche Möglichkeiten.

Weiße Blüten wirken edel, aber auch friedlich. Im Sommer verbreiten sie Kühle und Frische. Am Abend fangen sie die letzten Lichtstrahlen ein, leuchten selbst dann noch, wenn alle anderen Farben in der Dämmerung versinken. Deshalb sind weiße Blumen auch ideal, um schattige Ecken aufzuhellen. Weiß bringt auch alle anderen Farben zum Leuchten. Und Weiß mildert Kontraste: Wenn andere Farben sich nicht vertragen, setzen Sie weiße Blumen dazwischen. Ein Garten ganz in Weiß kann aber auch langweilig wirken. Kombinieren Sie deshalb verschiedene Wuchsformen und Pflanzenhöhen.

## Blau, die Farbe der Romantik

Blau ist eine Farbe, die zum Träumen verführt: Der strahlend blaue Himmel, das blaue Wasser des Meeres, die blauen Blüten von Akelei und Rittersporn. Gleichzeitig gehört Blau zu den zurückhaltenden Farben, die sich vom Betrachter zu entfernen scheinen. Blau schafft eine Illusion von Tiefe und Unendlichkeit. Diese Wir-

**Ein Beet ganz in Weiß, aber mit unterschiedlichen Blumenarten**

kung können Sie sich in einem kleinen Garten zunutze machen: Setzen Sie blau blühende Pflanzen an die Grenzen. So wirkt er größer.

Blau ist auch eine schwierige Farbe, weil es so unendlich viele Nuancen gibt. Die Skala reicht vom Himmelblau eines Vergissmeinnichts über das Silberblau einer Distel, vom tiefen Blau eines Rittersporns bis zum Blauviolett einer Clematis oder Aster.

Auf die Art des Blaus kommt es besonders bei der Kombination mit anderen Blumen an: Zu kühlen, fast violetten Blautönen passen Weiß und Weinrot, warme Blautöne kombiniert man besser mit Gelb und Orange.

## Gelb vermittelt Heiterkeit

Gelbe Blüten lassen selbst an regnerischen Tagen die Sonne scheinen und bessern die Laune. Gelb gehört zusammen mit dem verwandten Orange zu den warmen Farben. Pflanzen Sie deshalb vor allem solche gelb blühenden Blumen, die ihren Blüte-Höhepunkt im Frühjahr oder Herbst haben, wenn es draußen noch oder schon wieder kühl ist. So sorgen Sie zumindest für optische Wärme. Gelb drängt sich immer in den Vordergrund. Gelb kann andere Farben ganz unterdrücken, sodass diese kaum mehr wahrgenommen werden. Deshalb sollte Gelb in gemischten Pflanzungen nur sparsam eingesetzt werden. Am besten kombinieren Sie Gelb mit Gelb oder Orange. Das ist kein Problem, da es sich hier um die häufigste Blütenfarbe im Garten handelt. Das Angebot an Blumen dieser Farbskala ist in jedem Gartencenter riesengroß. Gelb macht allerdings kleine Gärten noch kleiner, weil die Entfernungen verkürzt werden.

## Rot zieht alle Blicke auf sich

Feuer und Flamme, Liebe und Lebensfreude, Leidenschaft und Bewegung – alles verbindet sich mit der Farbe Rot. Wie das strahlende Gelb lenkt auch Rot die Blicke auf sich. Deshalb sind Pflanzen mit roten Effekten ideal, um langweilige Gartenecken aufzumuntern und diesen den letzten Pfiff zu geben. Am intensivsten wirkt Rot, wenn es von Grün, seiner Komplementärfarbe, umgeben ist.

Rot können übrigens nicht nur die Blüten sein. Auch ein rotblättriger Ahorn, eine Eberesche oder ein Essigbaum mit roten Früchten kann sich sehen lassen. Dort allerdings, wo Sie im Liegestuhl relaxen wollen, wäre das aufregende Rot fehl am Platz. Besser sind dort Pflanzen mit rosa Blüten. Das heißt: Je heller das Rot ist, desto beruhigender wirkt es. Der Umgang mit Rot erfordert Fingerspitzengefühl, weil es so viele Varianten gibt, die sich nur zu leicht beißen. In ein rotes Blumenbeet gehören deshalb viele grüne und graulaubige Pflanzen als Kontrastmilderung.

## Trendfarben Pastell

Ganz aktuell sind zartfarbene Töne im Gartenbeet, die beschwingt und träumerisch wirken: Ein helles Violett, ein lichtes Rosa, ein fast cremefarbenes Gelb, ein Apricot und die Malventöne. Ergänzt mit ein wenig Weiß steigert dies den anmutigen Charakter.

Gerade bei den lichten Pastelltönen kommt es auf großflächige Pflanzungen an, damit die einzelne Farbgruppe auffällt. Doch auch einzelne Highlights zum Beispiel in tieferem Rosa oder dunklerem Blau kräftigen das Bild.

**TIPP**

**Ideal für erste Farbversuche sind Blumen in Töpfen oder farbiger Gartenschmuck, der an verschiedenen Stellen des Gartens platziert werden kann.**

Etwas ganz Besonderes ist das lichte Silbergrau, das fein und niemals aufdringlich wirkt. Grau taucht immer in Form von Blättern auf, „graue Eminenzen“ werden solche Pflanzen häufig genannt: Kreuzkraut, Silberdistel, Lavendel, Edelraute, Salbei, Wollziest und viele andere gehören dazu. Silbergraue Pflanzen sind perfekt für weiche Übergänge und lassen alle Farben leuchtender werden. Pflanzen Sie erst einmal zwei oder drei Exemplare in ein buntes Beet, um sich von der Wirkung zu überzeugen. Wenn Ihnen das Ergebnis gefällt, sollten Sie kleinere Gruppen der grauen Eminenzen einfügen: mindestens fünf Stück einer Art.

**Selbst in der Dämmerung ist der Torbogen nicht zu verfehlen: Die weiße Clematis setzt Lichtpunkte**

**Wie facettenreich eine bunte Blumenmischung sein kann, zeigt die Aufnahme im Spätsommer**

## Flower-Power bunt gemischt

Manchmal brauchen die Sinne eine laute Fröhlichkeit genauso wie Ruhe und Entspannung. Ein bunter Garten strahlt Lebenskraft und Fröhlichkeit aus. Wahre Farborgien können Sie feiern, wenn Sie Pflanzen in kontrastierenden Blütentönen kombinieren: Edles Weiß mit dunklem Blau, sonniges Gelb mit strahlendem Rot. Wer Mut zur Farbe hat, kombiniert auch Orange, Pink, Rot und Violett.

Oft haben Sie den Kontrast sogar in einer einzigen Pflanze. Denn immer häufiger werden Blumen mit zweifarbigen Blüten gezüchtet. Wunderschön ist auch ein kunterbuntes Beet mit kurzlebigen Sommerblumen. Außerdem hat es den Vorteil, dass Sie in jedem Jahr etwas anderes ausprobieren können. Haben Sie sich irgendwann für bestimmte Farben oder Kombinationen entschieden, ersetzen Sie die Sommerblumen durch langlebige Stauden.

Am besten geeignet für eine Farbpalette sind größere Grundstücke. Im kleinen Reihenhausgarten beschränken Sie sich besser auf ein oder zwei Hauptfarben und setzen nur wenige kontrastierende Akzente. Besitzer von Minigärten können den Farbenrausch mit den wechselnden Jahreszeiten genießen. Beginnen Sie im Frühjahr mit gelben und roten Zwiebelblumen und lassen Sie im Sommer rosaviolette oder kühle blauweiße Töne folgen. Beschließen Sie das Blütenjahr im Herbst mit glühendem Goldgelb, Orange und Purpurrot um dann im Winter mit Immergrünen Farbe ins Weiß zu setzen.

Gut geeignet für allererste Farbversuche sind bunte Sommerblumen in Töpfen oder auch farbiger Gartenschmuck, der an verschiedenen Stellen des Gartens platziert wird. So können Sie ganz problemlos die Wirkung testen.

# Blattschönheiten

Die erste Farbe, die wir im Frühjahr im Garten wahrnehmen, ist meistens Grün: Hellgrüne Blättchen, die an Bäumen und Sträuchern sprießen, zartgrüne Triebspitzen, die aus der Erde brechen. Ein Sinnbild für neues Leben ist es, das die Seele erfreut, ein Zeichen, dass der kalte Winter endlich vorbei ist.

Schon kurze Zeit später, wenn sich die ersten Blüten öffnen, ist das Blattwerk meist nur noch Hintergrund. Es wirkt zwar beruhigend, löst aber kaum mehr Euphorien aus. Schade eigentlich, denn Blüten sind nur eine reizvolle Dreingabe der Natur. Notwendig fürs Weiterleben, aber nur wenige Wochen im Jahr zu bewundern. Auf Blattschönheiten dagegen können Sie die ganze Gartensaison über zählen, denn Grüne haben Ausdauer.

Schauen Sie sich einmal um, wie viele grüne Wunderwerke es zu entdecken, zu sehen gibt.

Mit zu den schönsten Blattpflanzen, die erst vor einigen Jahren ein rauschendes Comeback feierten, zählen die Funkien. Zwar schieben sich im Sommer auch Blütenstiele aus den Blattrosetten, die aber sind fast nebensächlich. In einer guten Gärtnerei finden Sie unendlich viele Funkien-Sorten in verschiedenen Grün- und Blautönen sowie zweifarbige.

## Formen aller Art

Bei den Blattformen kennt die Natur fast keine Grenzen. Es gibt Gräser mit ganz schmalen Halmen, Farne, deren Wedel aus Tausenden von Blättchen zusammengesetzt sind, aber auch riesige Blattschilde wie beim Schaublatt (Rodgersia). Kräuter wie Dill und Edelraute zeigen ganz filigrane Blättchen, wie mit der Papierschere ausgeschnitten. Manche Wolfsmilcharten sehen mit ihren Blättern aus wie Flaschenbürsten.

Andere Blätter sind rund, ei- oder herzförmig, haben einen gezackten oder gewellten Rand oder sind so fleischig verdickt, dass sie fast dreidimensional wirken. Bei Blattschönheiten dürfen Sie gerne untertreiben: Setzen Sie wenige Pflanzen vor einen schlichten Hintergrund. Die gezackte Blattform des Akanthus übrigens hat die alten Griechen so beeindruckt, dass sie sie in Marmor nachbildeten und ihre Säulen damit schmückten.

Grau als Pflanzenfarbe ist alles andere als farblos: Der silbergraue Wollziest

Ganz modern sind Funkien, die es sogar zweifarbig gibt

**TIPP**

**Geschlitztes und gelapptes Laub steht immer in einem schönen Kontrast zu ganzrandigen Blättern.**

**Wer Zierkohl pflanzt, kann sich lange an den bunten Blättern der Pflanze erfreuen**

**TIPP**

**Purpurblätter tragen Berberitze, Blumenrohr, Blutpflaume, Iresine, Japanischer Fächerahorn, Perückenstrauch, Purpurglöckchen, Purpurgünsel, Purpursalbei. Blaue Blätter besitzen Blaufichte, Blauschwingel, Blautanne, Federnelke, Funkie, Stachelnüsschen, Strandhafer, Weinraute.**

## Buntes Laub

Es ist geradezu aufregend, sich die vielen verschiedenen Grüntöne intensiv zu betrachten. Doch damit nicht genug: Mutter Natur hat in den Farbtopf gegriffen und vielen Blättern ein buntes Kleid oder ein kunstvolles Muster verpasst.

So manche Fetthenne (Sedum) zeigt sich bereits beim Austrieb mit purpurroten Blättern. Von Salbei gibt es eine Sorte ('Tricolor'), deren Blätter gleichzeitig grün, weiß und rosa überhaucht sind. Goldtöne in den Garten bringen Goldrobinie und Goldulme. Fast schwarze Blattfahnen besitzt ein neuer Schlangenbart (Ophiopogon 'Nigrescens'). Beim Lungenkraut (Pulmonaria) sind die Blätter mit silbrig weißen Punkten bekleckst.

Im Trend liegen panaschierte Blätter, die sich zweifarbig weiß-grün oder weiß-gelb präsentieren. Solche Sorten gibt es von vielen bekannten Pflanzen, die auch eine grüne Sorte besitzen: Kletterer wie Efeu, Bodendecker wie Immergrün, Stauden wie Iris und Taglilie, Sträucher wie Hartriegel, Kräuter wie Minze.

**Das Mammutblatt ist eine Blattpflanze mit imposanten Ausmaßen**

Auch im Reich der Gräser, zum Beispiel beim Chinaschilf, beim Pfahlrohr oder Glanzgras (Phalaris) finden sich helle Streifen, die in der Gruppe wie ein schwungvoller Pinselstrich auftreten.

Für panaschierte Pflanzen gilt: Je niedriger der Grünanteil am Blatt ist, je bunter es sich zeigt, umso mehr Licht brauchen sie.

Andere Pflanzen verändern ihre Farbe mit der Jahreszeit. Die langen Blattfahnen des Indianergrases (Imperata 'Red Baron') werden im Sommer blutrot. Zierkohl wird umso bunter, je tiefer die Temperaturen fallen. Und jeder kennt den leuchtend roten Wein an der Hauswand oder den goldgelben Ahorn im Herbst. Auch Bergenien laufen in der kühlen Jahreszeit zur farbigen Höchstform auf.

Buntblättrige Pflanzen sollten Sie sparsam verwenden, damit der Garten nicht zu unruhig wirkt.

## Riesenblätter

Wie sich viele winzige Blätter zu imponierender Größe ergänzen, zeigt am besten ein quadratmetergroßer Farn. Wie viel auffälliger aber sind Pflanzen, bei denen schon jedes einzelne Blatt so groß ist? Zu den wahren Blattriesen im Pflanzenreich gehören das Mammutblatt (Gunnera) mit Blättern bis zu zwei Metern Durchmesser, der tief eingeschlitzte Medizinalrhabarber (Rheum palmatum) und das Tafelblatt (Astilboides tabularis), die beide nicht viel kleiner bleiben. Für solche Blattstauden von Format müssen Sie von Anfang an genügend Platz einplanen, damit nicht andere Pflanzen später in Bedrängnis kommen.

Für manche Riesenblättrige wie etwa das Schaublatt (Rodgersia) brauchen Sie Geduld: Es erreicht erst nach einigen Jahren Superformat.

# Pflanzen in Topform

Manche Pflanzen gibt es, die sind vor allem etwas für die Individualisten unter den Gärtnern. Sei es, dass sie von Natur aus mit einer ganz besonderen Wuchsform aufwarten. Sei es, dass sie in bizarren Formen gezüchtet wurden. Oder dass sie der Gartenbesitzer selbst mit Schere und Draht zu einem Kunstwerk geformt hat. Ob man sie mag oder nicht ist sicher Geschmackssache. Ein Hingucker aber sind die eigenwilligen Gestalten immer.

Allerdings brauchen vor allem auffallende Bäume und Sträucher Freiraum ringsum, um richtig zu wirken. Für einen kleineren Garten sind eher die Pflanzenpersönlichkeiten aus dem Staudenreich geeignet.

**Ihre ausgefallene Wuchsform gibt der Schleppenfichte das Aussehen eines Trolls**

## Darsteller mit Charakter

Was sich die Natur dabei gedacht hat, als sie die Korkenzieherhasel erschuf, weiß keiner so genau. Tatsache aber ist, dass die seltsam verdreht wachsenden Stämme und Äste ein echter Hingucker sind und dem Garten etwas Außergewöhnliches verleihen. Während der Haselstrauch sich erst im Winter, wenn die Blätter gefallen sind, in ganzer Formschönheit zeigt, gibt es unter den Koniferen einige mit ungewöhnlichen Silhouet-

**Auch ein mehrteiliger Torbogen lässt sich mit einem gekonnten Buchsbaumschnitt verwirklichen**

ten, die sich das ganze Jahr über sehen lassen können. Dazu gehören die Schmucktanne, die Araucarie, mit ihren armartigen starren Trieben und den scharfen dreieckigen Blättern, die Alaskazypresse (Chamaecyparis nootkatensis 'Pendula'), deren Triebe wie eine Mähne hängen, oder die aus dem alten Testament bekannte Libanonzeder (Cedrus libani), die in Etagen zu wachsen scheint und eine flache Krone hat. Bei der Atlaszeder (Cedrus atlantica 'Glauca Pendula') fallen die überhängenden Zweige wie Schleppen zum Boden.

Wie Fabelgestalten zeigen sich die Hängefichte Picea abies 'Inversa', die ihre Zweige eng an den Stamm gepresst hat und die verwandte Sorte 'Virgata' mit schlangenförmigen Zweigen. Erkundigen Sie sich beim Kauf solcher Charakterdarsteller, ob sie in Ihrem Klimagebiet gedeihen werden. Denn einige sind frostempfindlich. Sie sollten zumindest etwas geschützt stehen, etwa vor einer wärmenden Hauswand.

## Skulpturen in Grün

Schon die Gärtner im alten Rom verwandelten Sträucher und Bäume mit einem Werkzeug in Kegel und Kugeln, in Eichhörnchen, Kraniche und andere skurrile Formen. Geradlinige architektonische Skulpturen strukturieren den Garten. Andere Figuren sehen manchmal sehr komisch aus – was nicht unbedingt Nachteil sein muss. Die traditionellen Formschnitt-Pflanzen sind Buchsbaum und Eibe. Buchsbaum wächst sehr langsam und ist deshalb gut für kleine Figuren geeignet. Eiben sind schneller wachsend und lassen eher die Form erkennen.

Ungeduldige Gärtner können an rasch wachsenden Heckenkirschen und Lebensbäumen einen Formschnitt vornehmen. Die Bäumchen sollten allerdings häufig nachgeschnitten werden.

### Schnitt-Art

Wer sich zum ersten Mal am Formschnitt versucht, sollte eine einfache Figur wie Pyramide, Säule oder Würfel wählen.

**Ob dem echten Esel sein Abbild bekannt vorkommt?**

Kugeln erfordern einen Könner, Figuren einen Meister. Suchen Sie für eine Skulptur immer eine frei stehende Pflanze aus. Nicht nur, weil sie so besser wirkt. Sondern auch, damit später beim Nachschneiden ringsum immer genügend Platz zum Arbeiten an der Pflanze bleibt.

Wer ein gutes Auge und vielleicht schon ein wenig Erfahrung hat, kann freihändig arbeiten. Schnitt-Anfänger nehmen für geometrische Formen besser Hilfsmittel wie Wasserwaage, Bänder, Drähte und Stöcke zum Markieren der äußeren Kanten. Zu zweit geht das Schneiden oft leichter: Einer legt die Hilfsmittel an die Pflanze, der andere schneidet ringsum weg, was übersteht.

Geschnitten wird zweimal im Jahr: Anfang bis Mitte Mai und ein zweites Mal im Juni/Juli. Ideal ist ein etwas trüber Tag. Bei schönstem Sonnenschein kommt es an den Blattschnittstellen sonst leicht zu Verfärbungen. Wenn sich die Form erst noch zurechtwächst, müssen Sie sicher auch noch zwischendurch herauswachsende Triebe kappen. Ist die Figur erst einmal ausgewachsen, reicht später oft auch nur ein Schnitt im Jahr.

Benutzen Sie immer eine ganz scharfe Schere, sonst werden Zweige und Blätter gequetscht: Schaffen Sie sich eine Heckenschere fürs Grobe, eine normale Gartenschere für die Feinarbeiten an.

Grundsätzlich gilt: Lieber zu wenig als zu viel wegschneiden – nachschneiden können Sie immer noch. Geht es doch mal schief, trösten Sie sich: Fehler überwachsen schnell, dann können Sie einen neuen Versuch starten.

Wer ganz auf Nummer sicher gehen will, kann sich bei einfachen Formen ein entsprechendes Drahtgestell anfertigen, das über die Pflanze gestülpt wird. Nun brauchen Sie nur noch das, was herauswächst, abzuschneiden.

**So wird's eine Spirale:**

**Zuerst die Pflanze zum Kegel schneiden, dann zwei Schnüre darumwinden**

**Von unten beginnend werden Zweige und Blätter zwischen den Bändern ausgeschnitten**

**Und so sieht der fertig beschnittene Spiralenbaum aus. Nachschnitt muss sein!**

# Pflanzenpersönlichkeiten

**Ausgefallene Blütenformen wie beim Sternkugellauch faszinieren immer wieder**

**TIPP**

**Wer sich Solitärpflanzen in den Garten holen will, sollte die Auswahl nicht nach Katalog treffen, sondern sie sich in natura anschauen. Oft ist das in botanischen Gärten möglich.**

Der Botaniker nennt sie Solitäre: Blumen, die sich durch prachtvolle Blüten und Blätter oder durch eine ungewöhnliche Wuchsform von ihren Nachbarn abheben und dadurch für räumliche Effekte sorgen.

Solisten gibt es unter den Stauden, aber auch bei den kurzlebigen Sommerblumen: Der Geißbart (Aruncus) mit seinen weißen Blütenrispen, der kräftig wachsende Federmohn (Macleaya), die goldgelbe Königskerze (Verbascum) und der Bärenklau (Heracleum), auch als Herkulesstaude bekannt, der durch sein unkontrolliertes Ausbreiten und seine hautreizenden Blätter in Verruf geraten ist.

Wer nicht nur auf Größe, sondern auch auf ausgefallene Blüten Wert legt, hat ebenfalls reiche Auswahl. Bei den Kaiserkronen (Fritillaria) sitzen die Blätter über den Blüten, beim Sternkugellauch (Allium) glänzen die riesigen Blütenkugeln wie Metall, beim Fuchsschwanz (Amaranthus) hängen sie elegant herunter.

**Stockrosen neben der Eingangstüre – kleiner Aufwand mit großer Wirkung**

Selbst ganz alltägliche Blumen werden zu architektonischen Kunstwerken, wenn man sie einmal genau betrachtet: Das Löwenmäulchen mit den sorgfältig konstruierten Rachenblüten, die gespornte Akelei, Celosien mit ihren Plüschblüten oder die Spinnenpflanze (Cleome) mit den weit herausragenden Staubgefäßen.

Die Plätze für Solisten sollten so beschaffen sein, dass der Charakter der Pflanze zusätzlich betont wird. Setzen Sie zum Beispiel mannshohe Stockrosen oder Sonnenblumen links und rechts neben die Haustür. Pflanzen Sie einen Rizinus mit seinen prächtig roten Blättern neben eine Bank. Machen Sie eine kleine Gruppe von Greiskraut (Ligularia-Arten) zum Blickpunkt am Teich. Staudensolisten bekommen Sie in jeder Gärtnerei. Die kurzlebigen können Sie aus Samen selbst anziehen und dabei erleben, welch rasantes Wachstum diese Pflanzen vorlegen.

## Sonnenschirme mit Blättern und Blüten

Lebendige Sonnenschirme oder malerische Lauben bilden die Hängeformen von Bäumen. Offiziell heißen sie Trauerformen – traurig aber ist eigentlich daran gar nichts. Ganz im Gegenteil: Viele von ihnen wirken ungeheuer romantisch.

Trauerformen gibt es von vielen bekannten Bäumen: Birken, Buchen, Erlen, Ulmen, Weiden, sogar von Zierkirschen und Zieräpfeln, deren Zweige sich zur Blütezeit wie ein rosa Wasserfall zur Erde neigen. Die kleineren und langsam wachsenden sind ein schöner Blickfang im Blumenbeet. Unter die größeren können Sie eine gemütliche Bank stellen und sie zum Treffpunkt für Verabredungen machen.

# Ausblicke und Strukturen

Wenn Sie mit den Augen im Garten auf Entdeckungsreise gehen, sind vor allem die Ausblicke und die erkennbaren Strukturen wichtig. Die Blütenfarben, die Blattformen, die einzelnen Pflanzen können noch so schön und ausgefallen sein, wenn die Gesamtform des Gartens nicht stimmt, wenn er platt wie ein Pfannkuchen oder auf einen Blick überschaubar ist, wirkt alles ziemlich langweilig. Die Einteilung des Gartens, die Wegführung und die Gestalt der Pflanzen sind wichtig, um einem Garten Struktur zu geben.

## Gartenzimmer

Zeigen Sie die Schönheit eines Gartens nicht auf einmal, sondern präsentieren Sie ihn in verführerischen Häppchen. Am besten teilen Sie ihn in mehrere Bereiche auf, von denen jeder eine kleine eigenständige Gartenwelt bildet.

Grüne Wände können in einem größeren Garten dichte Hecken sein – nicht zu hoch – anderthalb Meter reichen. Im kleinen Garten erfüllen Rankwände oder eine Gruppe größerer Kübelpflanzen denselben Zweck. Sehr schmal, aber nach einigen Jahren blickdicht ist eine Efeuwand. Dazu brauchen Sie einen Maschendrahtzaun oder eine andere Rankhilfe, an der Efeu hinaufklettert. Grüne Raumteiler machen einen Garten nicht nur interessant; sie lassen ihn sogar größer erscheinen als er tatsächlich ist.

Ein „Fenster" oder ein unerwarteter Durchgang in einer Hecke geben verlockende Blicke auf andere Teile des Gartens frei und machen neugierig. Ein Fenster lässt sich mit der Heckenschere in jede Hecke einbauen, braucht aber regelmäßigen Nachschnitt.

## Wege mit Charme

Ein Weg sollte nie schnurgerade, sondern immer leicht geschwungen verlaufen. Lassen Sie ihn hinter Sträuchern verschwinden oder plötzlich wieder auftauchen. Das verleiht dem Garten etwas Geheimnisvolles. Jeder Weg verdient einen schönen Rahmen: die Randbepflanzung. Das können niedrige Polsterstauden sein, aber auch Schleierkraut oder Frauenmantel, die ihre Blütenwolken über den Wegrand schieben und ihm die Strenge nehmen.

### Stabiler Untergrund

Wege sind dazu da, um betreten zu werden. Deshalb müssen sie trittsicher und stabil gebaut werden. Plattenwege, egal ob aus Naturstein oder Beton, brauchen ein Fundament aus Sand und Kies. Dazu heben Sie den Weggraben etwa 18 cm tief aus, verdichten die Sohle und füllen 10 cm hoch Grobkies ein. Wiederum wird

**Eine Trauerweide im Park: Majestätisch und einladend für eine Ruhepause**

Weg und eine Hecke helfen, den Garten in Bereiche zu strukturieren

Der Weg windet sich immer in Begleitung des üppig wachsenden Mädchenauges

Die Kletterrose 'Albertine' formt einen Laubengang wie im Märchen

verdichtet und anschließend 5 cm hoch Sand eingefüllt. Die Oberkante der Sandschicht wird mit einer Latte glatt gestrichen und in diese ebene Fläche werden die Platten mit Fuge verlegt. Die Fugen werden mit Sand verfüllt, den Sie am besten mit einem weichen Wasserstrahl einschwemmen.

## Höhenvariationen

Verbinden Sie im Garten Himmel und Erde miteinander. Oder, einfacher ausgedrückt: Sorgen Sie für vertikale Elemente in unterschiedlichen Höhen. Das verleiht Spannung und aktiviert Ihre Sinne.

Gut geeignet sind ranke, schlanke Gehölze wie etwa Säuleneiben, Hecken und andere Unterteilungen wie Rosenbogen und Laubengänge, Treppen, kleine Hügel oder Sitzmulden. Und natürlich Stauden mit hoch aufragenden Blütenständen: Fackellilien (Kniphofia) und Steppenkerzen (Eremurus) für Sonnenplätze, Silberkerzen (Cimicifuga) und Fingerhüte (Digitalis) für schattigere Stellen.

### Mixed Border

Strukturen innerhalb eines Beetes haben die Engländer mit ihren „mixed borders", den gemischten Rabatten, zur Perfektion entwickelt. Auf einem Beet wachsen dort Stauden, Sommerblumen, Zwiebelgewächse, Rosen und Sträucher.

Die Kunst besteht darin, die Übergänge fließend und lückenlos zu gestalten und dabei die Farben harmonisch abzustimmen. Stellen Sie einen Plan auf, auf dem Sie Farben, Blütezeiten und Höhen eintragen. Zuerst werden Sträucher, hohe Stauden und Rosen als Basis gepflanzt. Anschließend füllen Sie die Lücken mit kleineren Blumen. Im Winter, wenn die meisten Blumen verschwunden sind, sorgen die Gehölze immer noch für

Abwechslung. Besonders dekorativ sind deshalb auch einige Immergrüne im „mixed border“.

## Pflanzenromanzen

Wenn zwei sich zusammentun, kann das Leben noch mal so schön sein. Das gilt auch im Garten: Für Bäume und Hecken, zu denen sich Kletterpflanzen gesellen. So können Sie eine dunkle Hecke im Sommer blühen lassen, einen kahlen Laubbaum im Winter begrünen oder einen abgestorbenen Baum zu neuem Leben erwecken. Der ideale Partner für alle Schattenecken ist Efeu. Mit seinen immergrünen Blättern kommt er besonders im Winter gut zur Geltung. Waldreben decken Baum oder Hecke im Frühsommer mit einer ganzen Blütenwolke zu. Kletterhortensien brauchen einen großen Baum als Gastgeber. Bis sie in Gang kommen, dauert es ein paar Jahre. Dann aber sitzen sie in jedem Sommer voller cremefarbener, süß duftender Blütendolden. Wilder Wein sieht besonders prächtig im Herbst aus, wenn er Baum oder Hecke feuerrot leuchten lässt.

## Kletterkünstler

Efeu und Wilden Wein, die sich von selbst festhalten, brauchen Sie nur an den Fuß eines Baumes zu setzen. Für alle anderen hüllen Sie als Kletterhilfe etwas Maschendraht um den Baumstamm. Erreichen die Schlingpflanzen die untersten Zweige, brauchen sie keine Hilfe mehr auf dem Weg nach oben.

Ein Problem sind manchmal Wurzelkonkurrenz und Trockenheit rund um den Baumstamm. Dann müssen Sie die Kletterer etwas vom Stamm entfernt setzen und von den untersten Ästen Stricke herabhängen lassen. Daran hangeln sich die Pflanzen nach oben.

**Eine Hausbegrünung, hier prachtvolle gelbe und weiße Kletterrosen, verwischt die Nahtstelle zwischen Garten und Haus**

**BLÜTENFARBEN UND BLÜTEZEITEN FÜR STAUDEN UND SOMMERBLUMEN**

| Frühling | Sommer | Herbst | Winter |
|---|---|---|---|
| **WEISS** | | | |
| Anemone | Geißbart | Anemone | Christrose |
| Gänsekresse | Glockenblume | Aster | Krokus |
| Hornkraut | Levkoje | Chrysantheme | Schneeglöckchen |
| Hyazinthe | Lilie | Dahlie | |
| Maiglöckchen | Margerite | Heidekraut | Schneeheide |
| Maßliebchen | Perlkörbchen | | |
| Milchstern | Prachtspiere | | |
| Pfingstrose | Schleierkraut | | |
| Polsterphlox | Schmuckkörbchen | | |
| Schleifenblume | Silberkerze | | |
| Steinbrech | Sommeraster | | |
| Stiefmütterchen | Storchschnabel | | |
| Tränendes Herz | Wicke | | |
| Tulpe | Winde | | |
| | Ziertabak | | |
| **GELB** | | | |
| Adonisröschen | Frauenmantel | Chrysantheme | Krokus |
| Färberkamille | Goldrute | Dahlie | Winterling |
| Gemswurz | Königskerze | Lampionblume | |
| Goldlack | Ligularie | | |
| Hahnenfuß | Nachtkerze | | |
| Kaiserkrone | Ringelblume | | |
| Narzisse | Rudbeckie | | |
| Primel | Schafgarbe | | |
| Steinkraut | Sonnenauge | | |
| Stiefmütterchen | Sonnenblume | | |
| Trollblume | Sonnenbraut | | |
| Tulpe | Sonnenröschen | | |
| Waldsteinie | Tagetes | | |
| Taglilie | Taglilie | | |
| Zinnie | Zinnie | | |

**BLÜTENFARBEN UND BLÜTEZEITEN FÜR STAUDEN UND SOMMERBLUMEN**

| Frühling | Sommer | Herbst | Winter |
|---|---|---|---|
| **ROT** | | | |
| Anemone | Bartfaden | Alpenveilchen | Christrose |
| Bergenie | Brennende Liebe | Anemone | |
| Diptam | Fackellilie | Aster | |
| Grasnelke | Fingerhut | Chrysantheme | |
| Katzenpfötchen | Flammenblume | Dahlie | |
| Kuhschelle | Indianernessel | Fetthenne | |
| Maßliebchen | Löwenmäulchen | Heidekraut | |
| Pfingstrose | Mohn | Herbstkrokus | |
| Polsterphlox | Nelke | Herbstzeitlose | |
| Primel | Prachtspiere | Mauerpfeffer | |
| Purpurglöckchen | Stockrose | | |
| Steinbrech | Storchschnabel | | |
| Tränendes Herz | Verbene | | |
| Tulpe | Wicke | | |
| | Zinnie | | |
| **BLAU** | | | |
| Akelei | Enzian | Aster | Krokus |
| Blaukissen | Flockenblume | Dahlie | |
| Blausternchen | Glockenblume | Eisenhut | |
| Gedenkemein | Katzenminze | Herbstkrokus | |
| Hyazinthe | Lavendel | Veronika | |
| Immergrün | Lein | | |
| Jakobsleiter | Löwenmäulchen | | |
| Lungenkraut | Lupine | | |
| Primel | Ochsenzunge | | |
| Puschkinie | Rittersporn | | |
| Schneeglanz | Salbei | | |
| Stiefmütterchen | Schwertlilie | | |
| Traubenhyazinthe | Skabiose | | |
| Veilchen | Storchschnabel | | |
| Vergissmeinnicht | Vanilleblume | | |

# Winterzauber

Wer im Winter aus dem Fenster in einen nackten, kahlen Garten schaut, hat selbst Schuld. Es gibt nämlich eine Reihe von Möglichkeiten, den Garten in eine Winterschönheit zu verwandeln. Besonders aufwendig ist das nicht. Denn in der kahlen Umgebung fällt jede einzelne Blüte, jede schön gefärbte Rinde, jede ausgefallene Wuchsform sofort auf.

## Blütenpracht bei Minusgraden

Zu den Winterblumen, die Eis und Schnee trotzen, gehören die Christrosen mit Blüten wie aus edlem Porzellan, zart duftende Schneeglöckchen, robuste Schneeheide und ab Februar Winterlinge, Krokusse und die ersten Blüten der Zwergiris. Winterliche Blumenecken sollten Sie etwas größer planen. In Gruppen von acht oder zehn Exemplaren fallen die meist kleinen Pflanzen mehr ins Auge.

### Blütensträucher und Immergrüne

Neben den kleinen Stauden blühen sogar einige Sträucher in der kalten Jahreszeit: Die Zaubernuss (Hamamelis) mit ihren Spinnenblüten, der Winterschneeball (Viburnum) und der leuchtend gelbe Winterjasmin (Jasminum nudiflorum). Für Farbe im winterlichen Garten sorgen natürlich auch Immergrüne, vor allem Koniferen, aber auch Buchsbaum, Ilex, Rhododendron und kletternder Efeu. Farbige Rinden von Laubgehölzen können sich ebenfalls sehen lassen: Silbergrau sind sie bei Birken; feuerrot leuchten sie beim Hartriegel; wie poliertes Kupfer schimmert die Rinde vieler Zierkirschen in der Wintersonne.

**Stimmungsvolles Gartenambiente im Winter**

**Die Christrose gilt als eine der beliebtesten Winterblumen**

**Zaubert Frühlingsgefühle hervor: die Zaubernuss (Hamamelis)**

**Koniferen unter einer Schneedecke: Winterzeit**

Eine besonders schöne Wuchsform, die erst richtig zur Geltung kommt, wenn die Blätter gefallen sind, zeigen ältere Robinien, viele Ahornarten und der Essigbaum mit seinen roten Fruchtkerzen. Auch die aufregende Silhouette einer Korkenzieherhasel lässt sich erst in der kalten Jahreszeit richtig bewundern.

Einige Gehölze behalten ihr buntes Herbstlaub fast den ganzen Winter lang. Knallrote Hagebutten und andere bunte Beeren setzen ungewohnte Farbtupfer in die kahlen Sträucher. Die vereisten Fruchtkapseln einer Lampionblume leuchten wie silbern schimmernde Papierlaternen. Einen ganz eigenartigen Charme haben die fedrigen Früchte wilder Waldreben, die den ganzen Winter über wie Wattebäusche an den Zweigen hängen. Die welken Wedel der Ziergräser, die mit Dornen bewehrten Blätter einer Stechpalme, die letzten Rosenblüten verwandeln sich im Raureif zu glitzernden Schmuckstücken.

## Architektur des Winters

Aber auch die architektonischen Details eines Gartens fallen jetzt viel mehr ins Auge: Terrassen, Treppen, Mauern, aber auch Blickpunkte wie Rosenbögen und Statuen. Wenn es an solchen Schmuckstücken im Garten noch fehlt, kann man bezaubernde Effekte erzielen mit winterfesten Gartenmöbeln, die auf freien Flächen platziert werden, oder mit frostfesten Vasen und Kübeln, mit Zweigen gefüllt, die sich mit Eiskristallen und weißen Mützchen schmücken.

Am schönsten ist der winterliche Garten, wenn er in der Wintersonne erstrahlt, wenn die Schatten kräftige Umrisse haben. Aber auch im schönsten schneereichen Winter gibt es Tage, an denen man den Fuß nicht nach draußen setzen mag und den Garten am liebsten vom Fenster aus betrachtet. Deshalb sollte es immer einige Winterschönheiten geben, die dicht am Haus stehen, sodass sie von dort gut zu sehen sind.

**Vom Glück der kalten Jahreszeit**

Das Geheimnis eines winterschönen Gartens aber ist sein Gärtner. Wer im Herbst alles dicht über dem Boden abschneidet, wer dem Frost nichts lässt, auf das er seine Eiskristalle und Zuckerhütchen setzen kann, der hat im Winter auch nichts zu betrachten. Bleiben die welken Stauden dagegen stehen, verwandeln sie sich nach frostigen Nächten in bizarre Schönheiten. Sommerlich kompakte Büsche werden zu filigranen Gebilden, und die blassen, fast schon morbiden Farben der welken Blumen sorgen für ganz besonderen Reiz. Da bleibt nur eines übrig: das Glück des Augenblicks zu genießen. Denn schon die Mittagssonne lässt so manches zauberhafte Wintergebilde schmelzen.

Die letzten Früchte und Samenstände der Pflanzen bringen Leben in den winterlichen Garten: Sie dienen den Vögeln als willkommene Nahrung.

Zur Schere greift der winterliebende Gärtner erst im Frühjahr. Zu tun gibt es im Winter dennoch einiges. So müssen Immergrüne in einem trockenen Winter gelegentlich gegossen werden – aber nur an frostfreien Tagen. Und stellen Sie beim Winterspaziergang durch den Garten fest, dass der Frost Stauden aus dem Boden gedrückt hat, werden sie vorsichtig wieder festgetreten.

Den Winterzauber im Garten sollte man am besten auch im Winter planen – und zwar mit der Kamera. Fotografieren Sie die kahlen Stellen Ihres Gartens. Dann wissen Sie zur Pflanzzeit im März (wenn schon wieder alles anders aussieht) noch genau, wo was geändert werden sollte.

**Rose unter Raureif – ein bestechender Anblick**

**Zart und verletzlich wirken diese Gräser**

**Ein Wintertag zeigt eine seiner schönen Seiten**

# Ohrenschmaus: Der Garten zum Hören

# Wasser-Power und noch mehr

Das Rauschen eines Wasserfalls oder das laute Zwitschern der Vögel hört wohl jeder im Garten. Das leise Fließen eines Baches aber oder das Spiel des Windes im Garten wird von vielen überhört – weil unser Gehör in der Lage ist, vieles einfach auszuklinken, auf das wir uns nicht gerade voll konzentrieren.

Um Ihren Hörsinn zu sensibilisieren, sollten Sie sich auf einen bequemen Stuhl setzen, die Augen schließen und lauschen. Hören Sie das Rauschen des Windes im Gras, das Rascheln welker Blätter auf dem Boden, das Summen der Bienen und Hummeln?

Ganz still ist ein Garten nie. Und wenn wir uns einen stillen Garten wünschen, dann geht es eher darum, unerwünschte Geräusche wie den Straßenlärm auszusperren.

Hören ist etwas ganz Lebendiges, weil sich das Gehörte ständig verändert, von einem Augenblick zum nächsten. Sorgen Sie deshalb dafür, dass es viel zu hören gibt in Ihrem Garten.

Planen Sie bewegtes Wasser ein, pflanzen Sie Gräser, setzen Sie Windspiele und locken Sie Tiere an. Schaffen Sie sich einen im wahrsten Sinne des Wortes lauschigen Platz, um das Gartenkonzert intensiv zu genießen.

Sorgen Sie gleichzeitig dafür, dass Ihr Garten zum Hort der Ruhe wird, indem Sie den lauten Krach von draußen aussperren. Das geht am besten mit grünen Wänden, mit dichten Hecken.

**Eine eingebaute Staustufe lässt das Fließgewässer interessanter erscheinen**

## Munteres Plätschern

Murmelnde Quellen, plätschernde Bäche und spritzende Wasserfälle haben etwas faszinierend Lebendiges und zugleich Beruhigendes an sich. Stundenlang könnte man zuschauen, wie sich Wasser an grasbewachsenen Ufern entlangwindet, unter überhängenden Zweigen verschwindet, um gleich darauf wieder im hellen Sonnenlicht zu glitzern.

Wasser lädt zum Verweilen ein, es zerstreut Gedanken und gibt neue Kraft.

Wasser in Bewegung macht einen Garten aber nicht nur lebendig. Es beein-

**TIPP**

**Wasser in Bewegung unterdrückt durch die eigene Geräuschkulisse auch ein wenig vom unerwünschten Straßenlärm.**

**Verschiedene Möglichkeiten einen Bachlauf anzulegen**

**a Mit Teichfolie**

**b Mit Steinelementen**

**c Mit übereinander gelegten Kunststoffschalen**

flusst auch das Kleinklima: An heißen Sommertagen ist es dort immer etwas kühler als an anderen Gartenplätzen.

Möglichkeiten fürs muntere Plätschern gibt es viele: Ein Bach, ein Wasserfall, ein Brunnen, ein Plätscherstein, ein Wasserspeier. Für alle Variationen allerdings ist etwas Technik notwendig.

## Bäche mit Schwung

Ein Bach sollte nie gerade, sondern immer in leichten Schwüngen verlaufen. Er darf nicht zu breit und nicht zu steil sein, sonst fließt das Wasser zu schnell und überschwemmt die Ufer. Und er braucht ein leichtes Gefälle, damit er in Bewegung bleibt. Rechnen Sie pro Meter Bachlauf etwa 3 cm Höhenunterschied ein.

### Leicht zu bauen

Ein Bach wird wie ein Teich aus Folie gebaut. Sie brauchen eine „Quelle" am oberen Ende. Das kann ein Sprudelstein oder ein Brunnen mit einem ständig überlaufenden Becken sein. Am anderen Ende ist, wie bei jedem ordentlichen Fluss, eine „Mündung" notwendig: ein Teich oder ein kleines Wasser-Sammelbecken. Von der Mündung wird das Wasser mithilfe einer Teichpumpe wieder nach oben transportiert und zwar durch einen in der Erde vergrabenen Gartenschlauch. Der aber sollte nicht den Bachwindungen folgen, sondern den kürzesten Weg von unten nach oben nehmen. Einmal müssen Sie den Bach mit Wasser füllen. Dann entsteht ein steter Kreislauf. Verdunstetes Wasser muss jedoch im heißen Sommer nachgefüllt werden. Bepflanzt wird der Bach vor allem an den Ufern.

Modellieren Sie im Bachverlauf Staustufen ein, hinter denen sich das Wasser in kleinen Becken sammelt. Sonst läuft Ihr Bach leer, wenn einmal die Pumpe ausfällt.

**10 Schritte zum eigenen Bach**

**1.** Heben Sie für das Bachbett einen 30 bis 40 cm tiefen Graben in gewünschter Breite aus.

**2.** Sammeln Sie alle Steine und Wurzeln heraus; sie könnten später die Folie beschädigen.

**3.** Füllen Sie auf den Bachboden etwa 10 cm hoch Sand.

**4.** Stampfen Sie die Sandschicht gut fest.

**5.** Überprüfen Sie mit einer Leiste und der Wasserwaage, ob die Bachufer in der Waagerechten liegen.

**6.** Dann breiten Sie die Folie aus. Das geht am besten zu zweit. An den Rändern sollte sie 20 bis 30 cm über die Ufer ragen.

**7.** Diese überstehenden Ränder werden am Ufer in die Erde eingegraben.

**8.** Auf die Folie kommt der Bachboden: Zuerst eine Schicht Lehm, darüber Teicherde aus dem Gartencenter.

**9.** Nun müssen Sie den Graben für den Verbindungsschlauch ausheben und den Schlauch unten an die Pumpe im Teich und oben an den Sprudelstein oder Brunnen anschließen.

**10.** Dann können Sie das Wasser vorsichtig einlassen.

## Folienkunde

Teichfolie gibt es in verschiedenen Stärken und Breiten. Für einen Bach reicht 1,0 mm Stärke. Dicker muss die Folie nur bei sehr steinigem Boden sein. Bekommen Sie die Folie nicht am Stück, muss sie verschweißt oder verklebt werden. Das können Sie selbst mit Spezialkleber machen oder es beim Hersteller gegen Aufpreis bestellen. Die meisten Teichfolien bestehen aus PVC (Polyvinylchlorid), das Hitze und Kälte verträgt, reiß- und wurzelfest ist. Der Nachteil: Muss die Folie einmal entsorgt werden, gilt sie als Sondermüll. Bisher nehmen sie nur wenige Hersteller zurück. Umweltfreundlicher und komplett recycelbar sind Folien aus PE (Polyethylen). Allerdings sind sie schwieriger zu verschweißen.

## Pumpenkauf

Damit Ihr Händler Ihnen eine Teichpumpe mit genau passender Förderleistung und -höhe verkauft, braucht er folgende Angaben: Höhenunterschied zwischen Quelle und Mündung; Breite des Bachbettes; Länge des Bachs. Nach der Leistung der Pumpe richtet sich auch der Durchmesser des Verbindungsschlauches zwischen „Quelle“ und „Mündung“. Wie dick er sein muss, sagt Ihnen der Händler.

**TIPP**

**Die Pumpe braucht unbedingt ein Sicherheitssiegel (VDE- oder GS-Zeichen) und einen Fehlstromschutzschalter.**

**Ein fertiger Bachlauf, der in einen Teich mündet**

**Hübscher Sprudelstein, umrahmt von unterschiedlich großen Kieselsteinen**

**TIPP**

**Wer Wasserspiele liebt, aber trotzdem Strom sparen will, kann die Pumpe an eine Zeitschaltuhr anschließen. So kommt das Wasservergnügen nur zu bestimmten Zeiten in Gang.**

## Reizvoll: Ein Wasserfall

Ein Wasserfall kann einen Bach unterbrechen, aber auch direkt in einen Teich fallen. In ebenem Gelände können Sie dafür den Aushub des Gartenteiches verwenden, indem Sie diesen zum Hügel aufschütten. Auch hier können Sie mit Teichfolie arbeiten und mit Steinen treppenförmige Abstufungen schaffen. Einfacher geht es mit fertigen Kunststoffschalen, die aneinander gelegt werden. Wie beim Bachlauf sorgt eine Pumpe für ununterbrochene Bewegung.

Nicht zu steil planen! Sonst donnert das Wasser mit Getöse in den Teich. Das mögen weder Ihre Wasserpflanzen noch -tiere.

**Nostalgischer Sandsteintrog unter Efeu und zwischen Iris**

**Ein Delphinpaar als Wasserspeier am Teich**

## Sprudelnde Brunnen und plätschernde Steine

Wer wenig Platz im Garten hat, kann sich die Faszination des bewegten Wassers mit einem Brunnen oder Quellstein selbst in die kleinste Ecke holen. Brunnen haben etwas herrlich Nostalgisches an sich. Wahrscheinlich werden deshalb auch so viele nach historischen Vorbildern verkauft. Ein Brunnen kann an die Wasserleitung angeschlossen oder wie andere Wasserspiele mit einer Pumpe betrieben werden. Sanft plätschernde Quellsteine sind Balsam für strapazierte Nerven. Wie eine leise Wassermusik klingt ihr Murmeln. Sie werden in verschiedenen Formen aus Stein hergestellt, zum Beispiel als Kugel oder Mühlrad. Dabei läuft das Wasser oben aus einer Öffnung heraus, ganz sanft am Stein herunter, etwa in ein Kiesbett, in dem sich die Pumpe verbirgt. Praktisch sind Sprudelsteine, bei denen die Pumpe unsichtbar im Unterbau sitzt.

## Schön inszenierte Wasserspiele

Springbrunnen und Fontänen kennt man vor allem aus Parkanlagen und Schlossgärten. Solche Wasserkünste können Sie auch im eigenen Garten vorführen, natürlich in kleinerem Maßstab. Wasserglocken, Wasserkreisel, Wassersterne und Schaumkaskaden entstehen, wenn eine spezielle Düse auf die Pumpe geschraubt wird. Entweder werden die Springbrunnen direkt im Teich installiert oder in einem separaten kleinen Becken.

Fische im Teich schätzen allerdings sprudelndes Wasser überhaupt nicht. Und auch von Seerosen sollten Sie Abstand halten. Deren Blätter sind empfindlich gegen Berieseln. Für solche Vorlieben sind kleine Wasserspeier besser geeignet. Bei Sonnenschein glitzern Tropfen wie Edelsteine. Besonders beliebt sind Speier in Tier- oder Puttengestalt.

# Rascheln im Wind

Schon ein leichter Wind bringt einen Garten zum Klingen. Wer ganz genau hinhört, vernimmt das Rascheln von Mohnkapseln, Lampionblumen (Physalis) und Silberblatt (Lunaria). Übertroffen werden sie von den Ziergräsern, mit denen sich ein richtiges Gartenorchester der leisen Töne zusammensetzen lässt. Da gibt es ein Säuseln und Rascheln, wenn der Wind durch die Gräser streicht, ein leichtes Flattern, wenn sich die schlanken Halme im Wind wiegen. Man muss nur hören können.

Aber auch optisch haben Ziergräser einiges zu bieten. Die Blütenstände reichen von plüschigen weißen Wedeln über zierliche grüne Sterne bis hin zu flaschenputzerähnlichen Formen. Manche wie das Wollgras verteilen im Sommer lauter Wattebäusche im Garten. Im Herbst laufen die Gräser mit ihren Farben zur Höchstform auf, färben sich silbern, feurig rot oder goldbraun. Und im Winter überzuckert Raureif die Halme.

## Über 6000 Gräserarten

Die Auswahl an Ziergräsern ist so groß, dass sich für jeden Geschmack und jeden Garten etwas findet. Das Spektrum reicht von zierlichen Schönheiten wie Zittergras (Briza) und Lampenputzergras (Pennisetum) bis zu meterhohen Riesen wie Chinaschilf (Miscanthus), Pampasgras (Cortaderia) und Pfahlrohr (Arundo).

Immergrüne Gräser wie Bambus gehören zu denen, die auch im Winter Farbe in den Garten bringen. Und niedrige wie Schwingel (Festuca) und Segge (Carex), die dichte Polster bilden. An schattigen Stellen wachsen Seggen und Simsen (Scirpus), Rasenschmiele (Deschampsia) und Perlgras (Melica). Sumpfgräser wie Binse (Juncus) und Pfahlrohr lieben es feucht, stehen gerne am Teichrand. Hungerkünstler wie der Schwingel sind im trockenen Steingarten gut aufgehoben. Federgras (Stipa) und Pfeifengras (Molinia) passen gut zu Blüh-

**Eine Rhizomsperre dient dazu das unkontrollierte Wachstum von Bambus zu verhindern**

**Ziergräser sehen zur Blütezeit im Hochsommer besonders reizvoll aus**

**TIPP**

**Wuchernde Gräser wie Bambus halten Sie mit einem Korsett in Zaum: In einem bodenlosen Eimer in den Boden setzen. Oder im Fachhandel eine so genannte Rhizomsperre kaufen.**

pflanzen und lockern das Staudenbeet auf. Die Riesen können als Solisten an der Terrasse oder dem Hauseingang auftreten und den Hintergrund bei Staudenpflanzungen bilden.

Sie haben die Wahl zwischen einjährigen Gräsern, die in jedem Jahr neu gesät werden, und Staudengräsern, die viele Jahre im Garten wachsen.

### Pflanzzeit: Frühjahr

Staudengräser sollte man immer im Frühjahr pflanzen, am besten im April. Kommen sie im Herbst in die Erde, macht ihnen der erste Winter oft zu schaffen. Gräser machen sich gut in Gruppen. Zu dicht sollten sie aber nicht stehen, denn sie breiten sich noch kräftig aus.

Was Sie nie tun sollten: Gräser im Herbst zurückschneiden. Nicht nur, weil sie im Winter so schön aussehen, sondern auch, weil die Halme das Herz der Pflanze vor Nässe und Frost schützen. Geschnitten wird zeitig im Frühjahr, vor dem Austrieb. Niedrige Polstergräser rasieren Sie am schnellsten mit einer Heckenschere ab.

## VOGELSCHUTZ- UND VOGELNÄHRGEHÖLZE

| Pflanze | Botanischer Name | Höhe in cm | Standort | Blütezeit | Besonderheit |
|---|---|---|---|---|---|
| Berberitze | *Berberis* | 100–200 | sonnig, schattig | III–V | ganz robust |
| Eberesche | *Sorbus* | 300–1000 | sonnig | V | wächst überall |
| Felsenbirne | *Amelanchier* | 300–500 | sonnig, halbschattig | IV–V | verträgt Kalk |
| Feuerdorn | *Pyracantha* | 200–400 | sonnig, halbschattig | V–VI | durchlässiger Boden |
| Haselnuss | *Corylus* | 400–500 | halbschattig | II–III | keine Staunässe |
| Heckenkirsche | *Lonicera* | 100–200 | sonnig, halbschattig | V–VII | giftige Früchte |
| Holunder | *Sambucus* | 300–700 | sonnig, schattig | IV–VI | wächst sehr schnell |
| Kornelkirsche | *Cornus mas* | 200–500 | sonnig, halbschattig | IV–VI | leicht feuchter Boden |
| Kreuzdorn | *Rhamnus* | 300–500 | sonnig | V–VI | kalkarmer Boden |
| Liguster | *Ligustrum* | 200–500 | sonnig, halbschattig | VI–VII | wächst sehr schnell |
| Mehlbeere | *Sorbus* | 300–900 | sonnig | V | kalkhaltiger Boden |
| Pfaffenhütchen | *Euonymus* | 200–400 | sonnig, schattig | V–VI | wächst überall |
| Sanddorn | *Hippophae* | 300–500 | sonnig | III–IV | Beeren nur bei weiblichen Pflanzen |
| Scheinquitte | *Chaenomeles* | 100–250 | sonnig, halbschattig | III–IV | wenig schneiden |
| Schlehe | *Prunus* | 400–500 | sonnig | IV–V | kräftige Dornen |
| Schneeball | *Viburnum* | 150–450 | sonnig, halbschattig | IV–VI | sommer- und immergrüne Arten |
| Stechpalme | *Ilex* | 500–700 | halbschattig | V–VI | im Frühjahr pflanzen |
| Weißdorn | *Craetagus* | 250–600 | sonnig, halbschattig | IV–VI | lehmhaltiger Boden |
| Wildrose | *Rosa* | 200–400 | sonnig | VI–X | viele Arten |
| Zwergmispel | *Cotoneaster* | 60–400 | sonnig, halbschattig | V–VI | sommer- und immergrüne Arten |

# Vom Singen und Summen

Ohne das Zwitschern der Vögel wäre ein Garten ein trauriger Ort. Morgens aus dem Haus treten und der Amsel lauschen, abends auf der Terrasse sitzen und der Singdrossel zuhören, sich im Winter von einem Konzert des Rotkehlchens verwöhnen lassen – gibt es etwas Schöneres? Natürlich gehört auch das Tschilpen und Piepen von Spatzen, Staren, Meisen und anderen Vögeln dazu, wenn es auch vielleicht nicht ganz so melodisch klingen mag.

Vögel fühlen sich in jedem Garten wohl, auch mitten in der Stadt. Sie müssen ihnen nur die richtige Umgebung bieten.

## Einladung zum Picknick

Die meisten Vögel kommen in Ihren Garten, wenn der Tisch reich gedeckt ist. Samen, Früchte und Beeren sind ihre wichtigste pflanzliche Nahrung. Um sie anzulocken, brauchen Sie also nur entsprechende Bäume, Sträucher und Stauden zu pflanzen. Vögel fressen aber auch allerlei Insekten, Raupen und Schnecken. Sie sind die besten Schädlingsbekämpfer, die es für den Garten gibt.

Auf chemische Schädlingsbekämpfungsmittel sollten Sie immer verzichten, nicht nur, weil sie im Vogelgarten gar nicht mehr notwendig sind, sondern weil sie anderen Tieren schaden können.

Lassen Sie im Herbst Samenstände an den Pflanzen, damit Vögel Futterreserven für den Winter haben.

### Platz zum Brüten

Nicht nur das Futter ist für Vögel wichtig, sondern auch die Wohnmöglichkeit. Sie können dichte Hecken und verzweigte Bäume pflanzen, Kletterpflanzen ans Haus setzen, in denen Zaunkönig und Drossel gern brüten, selbst gebaute oder gekaufte Nistkästen aufhängen – aber außerhalb der Reichweite von Katzen und nicht in die pralle Sonne.

Ideale Vogelschutzgehölze sind solche mit starken Dornen wie Wildrosen oder Berberitzen: Nachbars Katze wird sich hüten, dort hinein zu steigen. Nistkästen sollten Sie zweimal im Jahr säubern: Anfang März, wenn die Wintergäste ausgezogen sind, und nach der Brut, spätestens aber im Oktober.

**TIPP**

**Vögel baden gerne. Stellen Sie eine flache Schale mit Wasser an einem gut überschaubaren Platz auf.**

**Die Berberitze gilt als beliebtes Vogelschutzgehölz**

**Versteckt platziert bietet ein Vogelhäuschen den gefiederten Gästen auch optischen Schutz**

**Das Rotkehlchen hat sich den Brombeerzweig als Sitzplatz auserkoren**

**Hummeln sind gern gesehene Nektarnascher an unseren Pflanzen**

Räumen Sie den Garten nicht zu ordentlich auf. Etwas welkes Laub oder Wildwuchs unter Hecken und Sträuchern lockt Bodenbrüter wie Laubsänger und Rotkehlchen an. Außerdem bietet es Jungvögeln Schutz, die noch nicht richtig fliegen können.

### Winter-Futterplätze

In einem Garten mit Beerensträuchern und Samenständen muss kein Vogel Hunger leiden. Trotzdem macht es Spaß, sie ganz aus der Nähe zu beobachten und zu hören. Wer will, sollte deshalb ruhig ein Futterhäuschen aufstellen oder Meisenknödel und Erdnusssäckchen in die Bäume hängen.

**TIPP**

**Die erste Nahrung nach dem Winter ist für die Bienen besonders wichtig. Pflanzen Sie deshalb früh blühende Blumen wie Blaukissen, Duftveilchen, Goldlack und Steinkraut.**

Wichtig ist, dass ein Vogelhaus immer sauber ist und dass kein Futter in die Nässe gestreut wird.

## Summen der Hummeln

An warmen Sommertagen hört man Bienen und Hummeln geschäftig summen und brummen. Dann sitzen sie auf den Blumen und saugen den Nektar heraus. Gleichzeitig sammeln sie mit ihrem pelzigen Körper Blütenstaub, den sie zum Teil bei der nächsten Blüte wieder verlieren. So sorgen sie für die Bestäubung der Blüten.

Aber nicht die hochgezüchteten, dicht gefüllten Blüten ziehen sie an, sondern einfache Wildblumen, wie sie zum Beispiel auf einer Wiese wachsen, und die Blüten heimischer Gehölze. Ein Kräutergarten ist ebenfalls ein herrliches Revier für sie zum Naschen. Borretsch etwa ist durch seine strahlend blauen Blüten eine der begehrtesten Bienenpflanzen.

### Wiesen immer wieder anders

Reservieren Sie eine sonnige Gartenecke für ein Stückchen Blumenwiese! Ein paar Quadratmeter reichen schon aus. Planen Sie einen kleinen Sitzplatz am Wiesenrand ein, um sich an den bunten Blumen und dem summenden Leben zu erfreuen. Fertige Saatmischungen gibt es zu kaufen. Früher waren das vor allem bunte Ackerblumen wie Klatschmohn, Kornblumen und Margeriten. Heute ist das Angebot größer und spezieller.

**T I P P**

**Wiesen mögen nährstoffarmen Boden. Deshalb am vorgesehenen Platz schon im Jahr vor der Aussaat nicht mehr düngen.**

Es gibt Nützlingswiesen, Kräuterrasen und sogar Mischungen für verschiedene Bodenverhältnisse. Denn im zweiten Jahr wächst auf der Wiese nur noch das, was mit dem vorhandenen Boden zufrieden ist.

Das kann die kunterbunte Wiese sein, vielleicht aber auch nur eine Mischung aus Klee und winzigen Blüten.

## Wenig Arbeit

Eine Blumenwiese ist etwas für Leute, die im Garten wenig arbeiten, ihn dafür umso mehr genießen wollen. Sie wird nur zweimal im Jahr gemäht, im Sommer Ende Juni, nachdem die Blumen sich ausgesät haben, und im Oktober, damit die Wiese kurz überwintert. Extra fürs hohe Gras gibt es Wiesenmäher. Auch Motorsensen haben sich bewährt. Der Umgang mit der Handsense allerdings will gelernt sein. Das abgeschnittene Gras sollten Sie unbedingt zusammenrechen, denn sonst kommen Nährstoffe in den Boden und das mögen die Wiesenblumen nicht.

## Nektarreiche Gehölze

Wer Bienen und Hummeln den Tisch mit nektarreichen Gehölzen decken will, sollte Ahorn oder Linde, Schwarzerle oder Vogelkirsche und natürlich Obstbäume pflanzen. Weniger Platz brauchen Sträucher wie Hartriegel, Färberginster, Pfaffenhütchen und wolliger Schneeball.

**Nach alter Bauernsitte wird eine Wiese mit der Sense gemäht**

**Ein bunte Blumenwiese ermuntert das Auge zu einem Suchspiel**

# Klangspiele

**Bunte Windräder sind klassische Windspiele**

**TIPP**

**Eine Hecke zur Straße hält nicht nur Autolärm ab, sondern filtert auch Abgase und Straßenstaub. Zum Nachbargrundstück hin gepflanzt schützt sie gleichzeitig vor neugierigen Blicken.**

Manchmal weht eine geheimnisvolle Melodie durch einen Garten. Folgt man ihr, entdeckt man plötzlich in einem Blumenbeet, in einem Strauch oder am Gartenteich ein Klangspiel. Schon der leiseste Windhauch entlockt ihm zarte Töne, die angenehm und beruhigend wirken. Windspiele gibt es in den verschiedensten Versionen zu kaufen: Aus Metall, Bambus, mundgeblasenem Glas, das im Licht der Sonne immer wieder anders leuchtet, oder mit Stoffsegeln, die leise flattern. Manche stecken auf Stäben in der Erde. Andere werden an Äste gehängt. Suchen Sie sich aus, was Ihnen gefällt. Soll ein Klangspiel Sie auch in der kalten Jahreszeit erfreuen, müssen Sie unbedingt darauf achten, dass das Material winterfest ist. Metall kann schnell rosten, Stoff im Wind zerfetzen, Glas bei Frost brechen.

## Garten der Stille

Kein Garten ist wirklich still und soll es auch gar nicht sein. Trotzdem wünscht sich so mancher einen stillen Garten.

**Schon eine niedrig wachsende Hecke verleiht dem Vorgarten eine sichere Abgrenzung**

Damit ist nicht die Verbannung der angenehmen Geräusche gemeint wie der Gesang der Vögel, das Murmeln des Wassers oder das Rascheln der Blätter. Sie klingen sanft und wohltönend in unseren Ohren. Anderes aber ist eher lästig: Der Straßenlärm, das Brummen der Rasenmäher links und rechts, die lauten Stimmen der Nachbarn. Mit all diesem Lärm ist Hektik verbunden und die sollte im Garten der Sinne draußen bleiben. Nur mit erwünschten Tönen wird der Garten zum Zufluchtsort, in dem man sich geborgen und wohl fühlt. Wer Stille sucht, kann sie finden, indem er den Garten mit einer Lärmschutzwand umgibt. Das kann eine hohe Mauer oder ein dichter Zaun sein, der dann mit Kletterpflanzen begrünt wird. Schöner, wenn auch nicht ganz so schallschluckend, ist eine Hecke als grüne Wand mit angenehmem Nebeneffekt: In sehr stürmischen Gegenden ist sie gleichzeitig ein guter Windschutz.

## Die richtige Heckenwahl

Wollen Sie an der Hecke den Wechsel der Jahreszeiten erleben, die ersten Blätter im Frühling, das Spiel von Licht und Schatten im Sommer, prächtige Farben und vielleicht auch Früchte im Herbst, sollten Sie sich für eine Laubhecke entscheiden. Besonders empfehlenswert sind Hain- und Rotbuche. Sie werfen einen Teil des Laubes erst im Frühjahr ab, bieten deshalb auch im Winter Schutz.

Das ganze Jahr über dicht sind immergrüne Hecken. Besonders schöne und ebenmäßige grüne Gartenwände bilden Eiben. Es dauert jedoch über zehn Jahre, bis eine Eibenhecke stattliche Ausmaße hat.

Schneller geht es mit immergrünem Liguster, der schon nach vier Jahren mannshoch ist. Auch Thujahecken wachsen schnell. Allerdings sind Thujahecken oft nicht richtig dicht, weil sich die Zweige nicht miteinander verflechten.

### Schnitt oder frei wachsend

Die meisten Gärten sind klein, deshalb kommt wohl nur eine schmale, geschnittene Hecke infrage. Die aber sollte so dicht wie möglich sein, um ihre Aufgabe als Lärmstopper gut zu erfüllen. Sie müssen eine Lärmschutzhecke regelmäßig beschneiden, damit keine kahlen Stellen entstehen. Jüngere, Laub abwerfende Hecken werden in den ersten Jahren zweimal jährlich geschnitten. Im Juni werden die neuen Triebe gekappt. Das animiert die Pflanze, neu auszutreiben: Sie wird dichter. Ein zweiter Schnitt im Winter korrigiert die Form. Später reicht ein Schnitt pro Jahr. Nadelgehölze schneiden Sie von Anfang nur einmal, im August.

Damit die Hecke unten nicht verkahlt, sollte sie trapezförmig geschnitten werden: unten breiter, oben schmaler.

### Pflanzzeit: Frühjahr oder Herbst

Die beste Pflanzzeit für Laubhecken ist der November, wenn alle Blätter gefallen sind. Aber auch im zeitigen Frühjahr, in der zweiten Märzhälfte, können sie in die Erde. Ausnahme: Hain- und Rotbuchen werden, obwohl es Laubhecken sind, immer im Frühjahr, nie im Herbst gepflanzt. Immergrüne und Nadelgehölze pflanzt man Ende April, kurz bevor sie austreiben, oder Ende August, nachdem sie ausgetrieben haben. Containerpflanzen, also solche, die im Topf verkauft werden, kann man praktisch zu jeder Jahreszeit einsetzen. Und Sie dürfen beim Pflanzen den Wurzelballen nicht beschädigen. Rechnen Sie im Durchschnitt pro Heckenmeter mit etwa vier Pflanzen.

**Zuerst einen durchgängigen Graben ausheben und die Sohle lockern**

**Die ausgehobene Erde verbessern Sie mit reichlich Kompost**

**Dann die Pflanzen mit Abstand einsetzen und ringsum die Erde einfüllen**

# Schmeicheleien: Der Garten zum Fühlen

# Entdeckungen mit Händen und Füßen

Einen Garten erfühlt man zwar ununterbrochen, aber nur selten ganz bewusst. Anders als das Sehen, Hören, Riechen und Schmecken ist das Fühlen etwas ganz Selbstverständliches, im täglichen Leben ohne besondere Höhepunkte. Vielleicht liegt es daran, dass kein eigenes spezifisches Sinnesorgan dafür zur Verfügung steht.

Viele Dinge aber sind viel zu schade dafür, um sie nur im Vorübergehen einmal kurz zu berühren. Nehmen Sie einmal bewusst etwas Erde in die Hand, fühlen Sie, wie sie durch die Finger rinnt oder sich zum Klumpen zusammendrücken lässt. So lernen Sie durch das Fühlen Ihren Gartenboden kennen.

Greifen und Begreifen, das sind zwei Dinge, die eng zusammen gehören. Kinder lernen durch das Ergreifen ihre Umwelt kennen. Machen Sie es ihnen nach und entdecken Sie Ihren Garten mit Händen und Füßen. Fühlen Sie, wie samtweich sich manche Blätter anfühlen, wie seidig Blüten sein können und wie strukturiert viele Rinden sind. Aber passen Sie auf, dass Sie sich nicht an den Nesseln verbrennen oder an den Rosen zerkratzen – auch das ist eine Art von Fühlen. Ziehen Sie die Schuhe aus und ertasten Sie barfuß die vielen verschiedenen Untergründe: harte Steine und Kiesflächen, weiches Moos und fußfreundliches Gras. Vielleicht bauen Sie danach gleich einen Weg für Pflastermüde? Und anschließend legen Sie hoffentlich die Gartenhandschuhe zur Seite. Denn gibt es etwas Schöneres als mit den nackten Händen den Garten zu spüren und einen sinnlichen Kontakt herzustellen?

**Geschichten von Trollen und Elfen werden bei diesem Anblick lebendig**

## Blätter wie Samt und Seide

Unter den Blattpflanzen gibt es viele mit einem hohen „Streichelfaktor“. Sie laden ein, mit dem Finger über ihre Oberfläche zu fahren, samtige Flächen, feine Härchen oder ganz feine Nadeln zu fühlen. Lernen Sie mit Ihren Händen die unterschiedlichen Blattoberflächen kennen. Besonders samtig fühlt sich der Wollziest (Stachys byzantina) an. Auch die Blätter von Frauenmantel und Königskerze (im Volksmund Wollblume genannt) können mit weichem Polsterstoff konkurrieren.

**Wollziest – der Name klingst dornig. Die Blattoberfläche ist jedoch samtig**

**TIPP**

**Containerstauden, also solche in Töpfen, können Sie jederzeit pflanzen. Der Wurzelballen allerdings darf dabei nicht beschädigt werden.**

Anfassen erwünscht könnte auch am Silberblattsalbei (Salvia argentea) mit seinem flauschigen Laub und an den bereiften Weinrauten (Ruta) stehen. Scheinmohn (Meconopsis) und Lamium-Arten liebkosen geradezu Ihre Hände. Und die ganz gewöhnliche Küchenschelle (Pulsatilla) wirkt mit ihren seidig behaarten Blättchen wie ein weißes Pelztier.

### Haare haben Sinn

Die Behaarung ist für die Pflanzen selbst eine Art Lebensversicherung: Sie schützt vor übermäßiger Sonne und reduziert die Verdunstung. Dadurch sind die Pflanzen, die meist im warmen Mittelmeergebiet beheimatet sind, ideal an trockene Verhältnisse angepasst. Manche von ihnen verlieren den Flaum im Garten, weil in unserem Klima der dicke Pelz einfach überflüssig wird.

### Trügerische Augenblicke

Bei anderen Pflanzen suggeriert das Auge eine Feinheit und Weichheit, die tatsächlich gar nicht vorhanden sind. Das gilt für viele Farne, aber auch für das Mammutblatt (Gunnera), das an eine raue Elefantenhaut erinnert. Jeden Kontakt übel nimmt die Mimose. Blitzartig schließt sie ihre Federblätter.

**Duftpelargonien sind attraktive Vertreter von Duftpflanzen**

### Düfte beim Zerreiben

Bei manchen Pflanzen kann man sogar einen Duft „erfühlen“. Solche wie Myrte, Duftpelargonien oder auch Zitronenmelisse geben den größten Teil ihres Duftes nämlich erst dann frei, wenn man ein Blatt zwischen den Fingern zerreibt. Hier gehen die beiden Sinne Riechen und Tasten eine feine Verbindung ein.

## Blüten zum Streicheln

Bei manchen Blüten kann man gar nicht anders: Man muss sie berühren und ganz zart mit den Fingern streicheln, seien es die silbernen Kätzchen der Weide, die flauschigen Blütenrispen einer Astilbe oder die federfeinen Rispen der Wiesenraute (Thalictrum) und der Mädesüß-Arten (Filipendula). Andere wie seidenweiche Pfingstrosen oder dicht behaarte Borretschblüten verführen dazu, tief mit der Nase einzutauchen – nicht nur, um den Duft zu riechen, sondern auch, um die Blütenblätter zu spüren.

Wussten Sie übrigens, dass die Haut der Nasenspitze genauso wie die von Händen und Füßen viele feinste Sinnesorgane enthält, die auf Berührungsreize ansprechen? Mit den Blüten mancher Gräser könnte man sich über Wangen und Arme streichen, um das Gefühl zu genießen. Das Pampasgras gehört dazu, das Lampenputzergras, Chinaschilf und Hasenschwanzgras. Wie weiche Flaschenbürsten sehen die Blütenstände der Prachtscharte (Liatris) aus, während die plüschigen Blüten einer Celosie an einen felligen Hahnenkamm erinnern.

### Stauden fürs Gefühl

Die meisten Blatt- und Blütenpflanzen, die zum Streicheln einladen, stammen aus dem Reich der Stauden und können Ihren Garten viele Jahre lang schmücken.

Wichtig sind nur der richtige Platz, den Ihnen der Gärtner beim Kauf verrät, und ein bisschen Pflege.

Stauden können Sie im Frühjahr pflanzen, von März bis Mitte Mai, dann wieder im Herbst, ab Ende August bis Anfang November. Die beste Zeit für die meisten Arten sind die ersten Septemberwochen. Dann können sie noch gut einwurzeln, bevor der Winter beginnt. Ausnahme: Ziergräser werden besser im Frühjahr gepflanzt.

## Pflege im ersten Jahr

Im Sommer nach dem Pflanzen machen Stauden die meiste Arbeit. Denn die freien Flächen zwischen ihnen sind geradezu eine Einladung ans Unkraut: Sie müssen regelmäßig jäten. Oder: Sie bedecken den freien Boden mit rasch wachsenden Sommerblumen oder mit Mulchmaterial. Sind die Stauden erst einmal gut angewachsen, ist Gießen nur in extremen Trockenzeiten notwendig. Dünger bekommen die Pflanzen im Frühjahr, zum Austrieb. Damit sich viele streichelzarte Blüten bilden, sollten Sie alles Welke sofort abknipsen. So wachsen viele neue Blüten nach.

## Ältere Stauden verjüngen

Selbst bei allerbester Pflege haben Stauden irgendwann den Boden ausgelaugt. Dann blühen sie nicht mehr so üppig und bekommen in der Mitte kahle Stellen. Dann wird es Zeit, ihnen eine Schönheitsoperation zu gönnen und die alten Schätze zu verjüngen. Die beste Zeit: Im Herbst, wenn die oberirdischen Teile welk sind.

### Fünf Tipps zur Schönheitschirurgie

1. Nehmen Sie die Pflanzenballen mit einer Grabegabel aus der Erde, ohne dabei Wurzeln zu beschädigen.
2. Entfernen Sie mit den Fingern so viel Erde wie möglich von den Wurzeln.
3. Teilen Sie die Wurzelballen in mehrere Stücke. Solche mit kräftigen verholzten Trieben reißen Sie mit den Händen auseinander. Solche mit weichen Stielen wie Rittersporn schneiden Sie mit einem Messer durch. Polsterstauden legen Sie auf den Boden und zertrennen sie mit dem Spaten.
4. Die Mittelstücke der Stauden sind meist besonders verkümmert. Sie werden weggeworfen
5. Die anderen Teilstücke pflanzen Sie wieder ein, zusammen oder separat, aber möglichst an einen anderen Platz. Geht das nicht, müssen Sie die alte Pflanzstelle sorgfältig von Wurzelresten säubern und mit etwas Kompost verbessern.

**Jeder kennt die blühenden Weidenkätzchen als Frühlingsboten**

**Auch ein Blick auf die dicht behaarten Borretschblüten lohnt sich!**

# Bäume mit borkigen Rinden

Nicht immer muss sich alles glatt und weich anfühlen. Auch raue Formen können die Sinne begeistern. Besonders markant sind die Rinden von Bäumen, die sich wie eine richtige Berg-und-Tal-Landschaft anfühlen. Dazu sollten Sie die Rinde aber nicht zart mit den Fingerspitzen betasten, sondern mit der ganzen Handfläche daran reiben.

Zu den Borkenschönheiten gehört die Douglasie (Pseudotsuga menziesii), deren knorrige Rinde auch noch ein Farbenschauspiel in Braun, Grün und Türkis zeigt. Bei der Esskastanie (Castanea sativa) sind die Rindenstücke spiralenartig verdreht. Wie gedrechselt wirkt der mahagonifarbene Stamm der Tibetanischen Bergkirsche (Prunus serrulata).

Esskastanien sind nicht nur wegen ihrer Früchte attraktiv: Ihre auffällig borkige Rinde animiert zum Betasten

Ganz anders verhält sich die Rinde der Sandbirke: Sie blättert ab

Manche Bäume müssen erst ein ehrwürdiges Alter erreichen, um ihre Besonderheiten zu bekommen. Englische Ulmen fühlen sich im Alter korkartig an. Wenn ein Birnbaum in die Jahre kommt, bildet sich am Stamm ein netzartiges Muster aus. Alte Robinien und Walnussbäume sind tief gefurcht. Bei anderen wiederum glätten sich die Rinden, wenn sie älter werden – als ob sie eine gute Hautcreme benutzen. Die Triebe des jungen Feldahorns (Acer campestre) haben merkwürdig geflügelte Kanten, später nicht mehr. Und bei der Schwarzbirke (Betula nigra) rollt sich nur an jungen Stämmen die Rinde auf; ältere zeigen sich unauffällig schwarzbraun. Eine borkige Rinde ist eigentlich gar nichts Besonderes. Denn jede Rinde reißt, wenn der Baumstamm an Umfang zulegt. Selbst eine ganz normale Eiche oder Kiefer besitzt eine in Falten gelegte Rinde.

Schön fühlen sich Borkenrinden an, wenn sie im Alter von Moos überwachsen sind. Schließen Sie die Augen und konzentrieren Sie Ihre Sinne nur aufs Fühlen!

## Rinden wie Papier

Spektakulär sind auch Stämme, die ihre Rinde abstoßen. Die chinesische Scheinkamelie (Stewartia sinensis) schält rosa bis rote Lappen ab. Darunter kommt eine ockerfarbene Schicht zum Vorschein. Bei der Papierbirke (Betula papyrifera) zeigt sich unter einer abschilfernden pergamentenen Rinde ein kupferroter Stamm. In großen, lockenartig eingerollten

Stücken löst sich die kupferfarbene Rinde beim Zimtahorn (Acer griseum) vom Stamm. Sogar seine Äste häuten sich. Bei einigen Zierkirschen wie der Westchinesischen Kirsche (Prunus serrulata) scheint sich die äußere Hülle in Fetzen aufzulösen. Wenn Sie diese Rinden zu fest berühren, können Sie leicht zerstören, was Sie so magisch angezogen hat. Denn sie sind extrem zerbrechlich. Dem Baum macht das nichts; das Häuten ist für ihn normal.

## Solisten im Garten

Solche Bäume haben eine Einzelstellung im Garten verdient, am besten in Hausnähe. Denn schließlich kommen ihre prachtvollen Rinden erst im Winter so richtig zur Geltung, wenn das Laub gefallen ist. Und dann betrachtet man den Garten häufig vom Fenster aus. Zwar wird das Tasten an solchen Tagen durch das Sehen ersetzt, sinnlich bleibt der Baumstamm dennoch.

## Einkaufstipps

Viele dieser Bäume sind als Spezialitäten nicht ganz preiswert. Deshalb sollten Sie vor dem Kauf gut überlegen, ob der Baum von der Größe her in den Garten passt (oder womöglich nach einigen Jahren als Riese gefällt werden muss). Betrachten Sie nicht nur den Stamm, sondern schauen Sie, ob Ihnen auch der Rest des Baumes gefällt. Kaufen Sie möglichst junge Bäume. Nicht nur, weil sie preiswerter sind, sondern auch, weil sie sich besser beim Pflanzen handhaben lassen und sich schneller im Garten einleben.

**Tipp**

**Ebenfalls ein schöner Platz, zumindest für die kleineren unter den Rindenschönheiten, ist der Vorgarten.**

**Bäume mit schmucken Rinden**

| Name | Botanischer Name | Höhe in m | Standort | Wachstum |
|---|---|---|---|---|
| **Gefurchte Rinde** | | | | |
| Amberbaum | *Liquidambar styraciflua* | bis 35 | Sonne | mäßig |
| Birnbaum | *Pyrus communis* | bis 9 | Sonne | mäßig |
| Douglasie | *Pseudotsuga menziesii* | bis 50 | halbschattig | schnell |
| Esskastanie | *Castanea sativa* | bis 30 | Sonne | schnell |
| Maulbeerbaum | *Morus nigra* | bis 9 | überall | langsam |
| Scheinakazie | *Robinia pseudoacacia* | bis 25 | Sonne | schnell |
| Stieleiche | *Quercus robur* | bis 30 | überall | mäßig |
| Tibetanische Bergkirsche | *Prunus serrulata* | bis 9 | Sonne | mäßig |
| **Abrollende Rinde** | | | | |
| Eisenholzbaum | *Parottia persica* | bis 10 | Sonne | langsam |
| Kupferbirke | *Betula albosinensis* | bis 20 | Sonne | schnell |
| Papierbirke | *Betula papyrifera* | bis 21 | Sonne | schnell |
| Platane | *Platanus x hispanica* | bis 30 | überall | schnell |
| Scheinkamelie | *Stewartia sinensis* | bis 10 | Schatten | langsam |
| Schwarzbirke | *Betula nigra* | bis 27 | Sonne | schnell |
| Zimtahorn | *Acer griseum* | bis 9 | Sonne | langsam |

Gerade junge Bäumchen danken die Unterstützung durch einen Pfahl

**Bei Stauden brauchen Sie die Schere. Wird Verblühtes sofort abgeschnitten, wachsen neue Knospen nach**

**Schneiden Sie Rittersporn nach der Blüte bis auf eine Hand breit über dem Boden zurück, folgt eine zweite Blüte im Herbst**

**Lavendel wird nach der Blüte beschnitten, weil er sonst von unten verkahlt**

### Wurzelwerk, Ballenware, Containerpflanze

Am billigsten sind Bäume mit freiliegenden Wurzeln, die allerdings besonders sorgfältig gepflanzt werden müssen. Die meisten Bäume bekommen Sie heute als Ballenware oder Containerpflanze, also im Topf.

Als Ballenware bezeichnet man einen Baum, der einen festen Wurzelballen mit Erde besitzt, eingewickelt in ein Jutegewebe oder in Folie. Das Jutetuch kann mit in die Erde, es verrottet später. Nur rings um den Stamm müssen Sie es aufknüpfen und zur Seite schlagen. Folie muss vorm Pflanzen abgenommen werden.

### Pflanzen mit Stütze

Jeder frisch gepflanzte Baum braucht einen Stützpfahl. Sonst werden, wenn der Wind den Stamm hin und her bewegt, immer wieder die jungen Wurzeln abgerissen.

Benutzen Sie einen Pfahl aus Fichtenholz, das aber nicht imprägniert sein darf. Solche Mittel könnten den Wurzeln schaden. Der Pfahl muss so lang sein, dass er in der Pflanzgrube verankert werden kann und oben bis an die ersten Äste reicht. Bei Bäumen mit losen Wurzeln kommt der Pfahl gleich mit in die Pflanzgrube. Bei Containerbäumen und solchen mit Wurzelballen wird er nachträglich schräg in die Erde geschlagen, damit er weder Ballen noch Wurzeln beschädigt. Binden Sie den Baum mit einem Plastikriemen oder Kokosstrick am Pfahl fest. Für empfindliche Rinden gibt es auch Bänder mit Schaumstoffstreifen zu kaufen.

Beim Pflanzen darf der Strick noch nicht ganz festgebunden werden, weil die Erde und damit der Baum noch rutschen. Ziehen Sie ihn nach einer Woche noch einmal nach. Wird der Baum dicker, müssen Sie den Strick lockern, später dann ganz abnehmen.

# Pflanzen mit Stacheln und Dornen

Fühlen kann der reinste Genuss sein. Es kann aber auch unangenehme Seiten haben, denn manche Pflanzen wehren sich gegen Berührungen: Mit Stacheln und Dornen oder durch Verbrennungen. Zwar weiß jeder Gärtner, dass Brennnesseln nützliche Pflanzen sind, vor allem für Schmetterlinge. Aber keine andere Pflanze ist so häufig verflucht worden wie diese, wenn Arme und Beine nach einer unbedachten Berührung jucken und kribbeln.

Bei Rosen dagegen nimmt man die Stacheln der schönen Blüten wegen mit in Kauf. Das gilt auch für Brombeeren mit ihren leckeren Früchten. Von beiden wurden inzwischen übrigens auch stachellose Sorten gezüchtet. Aber eine Rose ohne Stacheln – da fehlt das Typische. Es muss ja nicht gleich die Stacheldrahtrose (Rosa omeiensis f. pteracantha) sein, die ihren Namen wirklich zu Recht trägt.

## Kratzbürstige Disteln

Zu den Rühr-mich-nicht-an-Blumen gehören auch die Disteln. Stachelig, kratzig, wehrhaft und stolz stehen sie da und sind doch faszinierende, bizarre Schönheiten. Am bekanntesten sind die blauviolette Edeldistel (Eryngium) und die Kugeldistel (Echinops), deren Blüten wie ein zusammengerollter Igel aussehen.

Wehrhaft wie ein Baum zeigt sich die meterhohe Eselsdistel (Onopordum) mit ihren kräftig bedornten Stängeln. Nur bei Sonne öffnet die kleine Wetterdistel (Carlina acaulis) ihre Blüten, damit sie sich von ihrer schönsten Seite zeigt. Alle Disteln brauchen Sonne und Wärme, damit sie sich von ihrer schönsten Seite zeigen.

### Hautreizungen und Allergien

Manche Menschen reagieren allergisch auf bestimmte Pflanzen.

Eine kleine Becherprimel, die berüchtigte Herkulesstaude (Heracleum mantegazzianum) und der amerikanische Giftsumach (Rhus radicans) können zu unangenehmem Juckreiz und Hautausschlägen führen.

Wer weiß, dass er empfindlich ist, sollte in diesen Fällen nicht nur aufs Berühren, sondern am besten auf das Einsetzen oder Aussäen dieser Pflanzen ganz verzichten.

**TIPP**

**Besonders beliebt sind Disteln bei Bienen und Hummeln, die ständig die Blüten umschwirren.**

**Disteln sind von Stängel bis Blüte dornig, zum Schutz vor allzu gierigen Zugriffen**

**Die Herkulesstaude kann bei Berührung Hautreizungen verursachen**

# Wege für Pflastermüde

**TIPP**

**Da weiche Wege am Rand leicht zerfließen, sollten Sie eine feste Kante einbauen.**

Barfuss über einen sonnenwarmen Gartenweg oder durch das kühle, weiche Gras zu laufen, das haben die meisten von uns zuletzt als Kinder getan. Im sinnlichen Garten gehört es dazu, wenn auch nicht jeden Tag, so doch wenigstens einmal zum Ausprobieren.

Rund ums Haus und auch dort, wo Sie häufig mit der Schubkarre entlangfahren, ist ein fester Pflasterweg angesagt. An anderen Stellen, die nicht ganz so häufig begangen werden, können Sie Wege für pflastermüde Füße einplanen.

## Rasenwege

Grün auf Schritt und Tritt, das sind Rasenwege. Sie sind so bequem und weich wie kaum ein anderer Weg und animieren zum Schlendern durch den Garten. Für so einen Weg sollten Sie eine strapazierfähige Rasenmischung verwenden (Spiel-, Gebrauchs- oder Sportplatzrasen) und ihn regelmäßig sehr kurz mähen. Wird ein Rasenweg häufiger begangen oder ist der Untergrund feucht, können Sie Trittplatten ins Gras legen. Sie wirken längst nicht so massiv wie ein Pflasterweg.

**Besonders weich geht es sich auf Rindenmulchwegen, die aber eine beständige Pflege erfordern**

## Feldsteinweg

Einen Weg aus dicken Feldsteinen zu bauen ist ein echtes Geduldspiel. Stück für Stück müssen die Steine mit einem Pflasterhammer in ein Sandbett geschlagen werden. Und zwar so, dass möglichst gleichmäßige Fugen entstehen und die Oberfläche relativ eben ist. Dazu müssen Sie oft viele Steine in die Hand nehmen, bis Sie den gefunden haben, der jeweils am besten passt.

**Harmonisch fügen sich Wege aus Naturstein-Trittplatten in die Gartenanlage ein (li. u. re.)**

## Wege aus Mulch

Bei Wegen aus Rindenmulch sollten Sie bedenken, dass diese sich im Laufe der Zeit langsam auflösen und in den Untergrund getreten werden. Heben Sie den Weg etwa 5 cm tief aus. Rollen Sie zuunterst ein Mulchvlies als Unterschicht aus. Das muss porös sein, damit Regenwasser hindurchlaufen und im Boden versickern kann. Auf dem Vlies verteilen Sie dann einige Säcke mit Rindenmulch (Gartencenter). Nach ein paar Jahren, wenn die Schicht plattgetreten ist, wird wieder aufgeschüttet.

## Duftpfade

Aus England kommt die Idee der Duftpfade. Dabei werden Steine oder Platten mit breiten Fugen verlegt, in denen Minze, Kamille oder Thymian wachsen. Solche grünen Inseln sind nicht nur angenehm zu begehen; bei jedem Tritt (den sie ohne weiteres vertragen) verströmen die Pflanzen einen zarten Duft.

Pflanzen für Duftpfade: Feldthymian (Thymus serpyllum), Fiederpolster (Cotula squalida), Korsische Minze (Mentha requienii), Laugenblume (Cotula potentilla), Poleiminze (Mentha pulegium), Römische Kamille (Anthemis nobilis), Zitronenthymian (Thymus citriodorus)

## Barfuß-Weg

Wer sich in das Fühlen mit den Füßen verliebt, kann sich einen richtigen Erlebnispfad aus unterschiedlichen Materialien anlegen. Beginnen könnte er mit rauen kühlen Granitsteinen oder Klinkern. Dann kommt vielleicht ein Stück mit runden Feldsteinen, danach knirschender Kies, gefolgt von sonnenwarmen Holzschwellen und schließlich feinem Sandbelag. Zum Schluss wandeln Sie wie auf Wolken: auf weich federndem Rindenmulch.

Ein derartiger Weg ist Balsam für müde Füße und eine herrliche Entspannungsübung im Garten.

## Formen zum Genießen

Manche Dinge gibt es, die fasst man gern an, ohne genau sagen zu können warum. Oder haben Sie noch nie Kastanien in der Tasche gehabt und in den Händen gedreht? Auch glatte abgerundete Steine, oder größere Figuren aus Terrakotta sind herrliche Handschmeichler.

**Wer an den Wegrändern Thymian pflanzt, hat bald das Vergnügen, auf einem Duftpfad zu wandeln**

**Ess- und Rosskastanien: ein stachelig verpacktes Paar**

**Schön abgerundete Steine, wie hier in einem Kieselrondell, bringen mit kleinem Aufwand große Wirkung**

# Aromatherapie: Der Garten zum Riechen

# Immer der Nase nach

Der Geruchssinn ist einer der ältesten und elementarsten Sinne. Kein anderer löst so viele Emotionen aus. Längst Vergessenes wird durch einen Duft wieder heraufbeschworen. Düfte beflügeln Inspiration und Fantasie. Und sogar die Stimmung können sie beeinflussen – auch wenn es vielen Menschen nicht bewusst ist.

Düfte sind eine ganz persönliche Sache. Was der eine gut riechen kann, mag einem anderen stinken. Sie lassen sich auch nur schwer mit Worten beschreiben. Man sucht nach Vergleichen – und die finden sich meist bei Geschmackseindrücken: süß, säuerlich, würzig, fruchtig.

Leider waren Düfte lange Zeit aus unseren Gärten verschwunden. Die Züchter setzten all ihr Können daran, immer größere und farbenprächtigere Blüten zu entwickeln. Der Duft blieb dabei oft auf der Strecke. Glücklicherweise hat sich das seit ein paar Jahren geändert. Es gibt wieder mehr duftende Schönheiten. Öffnen Sie ihnen das Gartentor und steigern Sie so Ihre Gartenlust. Für einen Duftgarten stehen Ihnen Pflanzen aus allen Bereichen zur Verfügung: Sommerblumen, Stauden, Gehölze. Duften kann es am Tag und am Abend, auf dem Beet und der Terrasse, an Pergola und Hauswand.

„Pflanzendüfte sind wie Musik für unsere Seele“, sagt ein altes persisches Sprichwort. Sie sind aber auch flüchtig und lassen sich nicht festhalten. Duft verändert sich mit der Tageszeit, der Sonnenintensität, der Luftfeuchtigkeit. Düfte sind deshalb immer für Überraschungen gut.

**Aus Duftpflanzen liebevoll arrangierter Gartenbereich**

Für die Pflanzen ist der Duft eine Art Sprache, mit der sie ihre Freunde (Insekten) anlocken und ihre Feinde (Schädlinge) fern halten.

## Düfte zu jeder Jahreszeit

Duftpflanzen gibt es für jeden Monat des Jahres, von den ersten Märzveilchen bis hin zur winterblühenden Zaubernuss. Bei den meisten Pflanzen reicht es, an den Blüten zu schnuppern. In einige aber muss man hineinfassen, sie streifen oder, wie bei Myrte und Zitronenmelisse, die Blätter zwischen den Fingern zerkrümeln.

**TIPP**

**Blattdüfte verstärken sich an heißen Tagen, vor allem, wenn Blätter nach einem Regen wieder in der Sonne trocknen.**

**Im Frühling erfreuen sich gleich mehrere Sinne an Tulpen, Narzissen, Hyazinthen und Stiefmütterchen**

**Sternmagnolien duften, die hier abgebildete Magnolia soulangiana leider nicht**

**Die meisten Duftpflanzen eignen sich auch als Topfpflanzen sehr gut**

## Schnupperfeste im Frühling

Irgendwann im März tritt man aus dem Haus und es riecht – nach Frühling. Zu keiner anderen Jahreszeit reagiert die Nase so aufmerksam auf Düfte wie nach der Winterpause. Da ist ein Hauch von Frische in der Luft und sogar die Erde verströmt einen Geruch.

Von einem Tag auf den anderen schicken Veilchen, die sich bescheiden am Boden ducken, verschwenderische Duftwolken aus. Und fast über Nacht öffnet eine Weide goldgelbe Blütenkätzchen mit süßem Honigduft. Im Frühling hat die Natur die Düfte besonders großzügig verteilt, wahrscheinlich um die Bestäuber wie Bienen und Hummeln aus dem Winterschlaf zu wecken.

### Düfte gut verteilt

Für Duftpflanzen gibt es unendlich viele Plätze im Garten. Ein Beet am Rande der Terrasse bietet sich an für einen Duftcocktail aus Frühlingsanemonen (Anemone sylvestris), Freesien (Freesia-Hybriden) und Goldlack (Cheiranthus cheiri).

Den Weg durch den Vorgarten zum Haus können romantische Maiglöckchen rahmen (wenn es dort nicht zu sonnig ist), in den noch kahlen Rosenbeeten niedrige Schleifenblumen (Iberis) und Traubenhyazinthen (bester Duft: Muscari neglectum) einen Blütenteppich weben. Im Steingarten blühen und duften Frühlingsiris (Iris bakeriana), Gänsekresse (Arabis) und Teppichphlox. Am Gehölzrand fühlen sich Schlüsselblumen wohl. Und wunderschön ist eine Wiese mit Jon-

**TIPP**

**Im österreichischen Salzkammergut und in vielen Orten Frankreichs feiert man im Frühjahr Narzissenfeste, bei denen Hunderttausende Narzissen als Schmuck verwendet werden.**

quillen-Narzissen, den am stärksten duftenden Vertretern ihrer Gattung.

### Sträucher nicht vergessen

Denken Sie auch an frühlingsblühende Duftsträucher: Seidelbast (Daphne), Zierjohannisbeere (vor allem Ribes aureum), Japanische Zierkirsche (Prunus serrulata), eine kleine Magnolie und natürlich Flieder (Syringa vulgaris) mit seinem zwar kurzen, aber heftigen Blüten- und Duftrausch. Flieder ist übrigens eine Art „Wetterpflanze“: Wenn er blüht, dann soll es mit Frost und Kälte endgültig vorbei sein.

Magnolien sind spätfrostgefährdet. Schon eine einzige kalte Nacht kann die ganze Blütenpracht vernichten. Unbedingt an einen geschützten Platz pflanzen!

### Frühling im Kübel

Überall auf den Wochenmärkten und in Gärtnereien werden duftende Frühlingsblumen wie Narzissen, Hyazinthen, niedrige Wildtulpen und Zwergiris in voller Blüte verkauft. Gönnen Sie sich einen Korb voll und pflanzen Sie einen Frühlingsgarten im Kübel. Den stellen Sie am besten auf die Terrasse, gleich neben die Wohnzimmertür.

Manche Zwiebelblumen-Sorten haben beim Züchten ihren Duft verloren. Machen Sie deshalb vor dem Kauf eine Schnupperprobe.

Nach dem Welken können Sie die Zwiebeln in den Garten umsetzen, wo sie im nächsten Frühling wieder blühen und duften.

## Das Parfüm des Sommers

Je schöner und wärmer der Sommer ist, umso stärker machen sich die Düfte bemerkbar. Da verwöhnen Vanilleblumen (Heliotropium), Iris, Nelken, Falscher Jasmin (Philadelphus) und Pfingstrosen die Nase. Rosen und Lilien wetteifern mit Lavendel, Katzenminze, Sommerphlox

**Der Frühling geht mit immer neuen Duftpflanzen nahtlos in den Sommer über**

**Einen besonderen Augenschmaus bietet die Blütezeit der prachtvollen Pfingstrosen**

**Mit einem Oleanderstrauch als Kübelpflanze ist man schnell mit mediterranem Flair umgeben**

Selbst in der manchmal regenreichen Herbstzeit kann man sich mit duftenden Blumenecken eine Sinnesfreude schaffen

Pflanzen, die im Herbst das Herz erfreuen, pflanzt man besonders gern in die Nähe von Obstbäumen

Ein unglaublich weites Feld von Wildalpenveilchen findet man nur noch selten in unberührter Natur

und vielen anderen Blumen um den intensivsten Duft. Von den aromatischen Düften auf dem Kräuterbeet wollen wir gar nicht erst reden.

Wer sich nicht entscheiden kann, greift erst einmal zu kurzlebigen Sommerblumen-Duftern wie Levkojen, Löwenmäulchen, Reseda oder Ringelblumen. Im nächsten Jahr können Sie die Duftnote dann wieder ändern. Mit Pfingstrosen können Sie eine ganze Tonleiter der Düfte komponieren, so eigenwillige Noten besitzen manche Sorten. Einer Pfingstrose sollten Sie von Anfang an einen Platz geben, an dem sie viele Jahre ungestört wachsen kann. Sie mag es nämlich nicht, wenn man sie verpflanzt.

Auf der Terrasse genießen Sie vielleicht den Wohlgeruch von Oleander (vor allem rosa und rote Sorten duften), Bleiwurz und Wandelröschen. Oder von Duftpelargonien, die mit ihren vielen Duftnoten von Apfel bis Zitrone zum Sammeln verführen. Einer der schönsten Sommerdüfte ist übrigens der von frisch gemähtem Gras – aber leider mit Arbeit verbunden.

Denken Sie daran: Ihr Garten ist kein Parfümladen. Intensive Blütendufter sollten nur hier und da Akzente setzen, damit die Nase nicht überfordert wird.

## Kräftige Herbstdüfte

Wenn es allmählich kälter wird, dominieren die Düfte der Früchte: Äpfel, Pflaumen, Trauben bis hin zu Zierquitten. Wer keinen Obstbaum im Garten hat, kann sich dennoch an Düften erfreuen. Seien es Silberkerzen, Funkien und Türken-

**TIPP**

**Manchmal hat man im Herbst ganz sonderbare Dufterlebnisse: Wenn nämlich die Blätter des Katsurabaumes (Cercidiphyllum) zu Boden fallen, riecht es wie in einer Kuchenbäckerei.**

bundlilien in den Schattenecken des Gartens oder Indianernesseln, Koreanische Chrysanthemen (Dendranthema-Koreanum-Hybriden) und Marienblatt (Tanacetum balsamita) auf einem bunten Herbstbeet. Herbstkrokusse, Herbstzeitlose (Vorsicht: hochgiftig) und kleine Wildalpenveilchen bilden duftende Blüteninseln.

Auch spät blühende Sträucher wie die blaue Bartblume (Caryopteris), Besenginster (Spartium), Duftblüte (Osmanthus heterophyllus) und Ölweide (Eleagnus pungens) bringen Wohlgeruch in den herbstlichen Garten.

## Abgeschirmte Ecken

Damit Ihnen nicht der leiseste Windhauch die wenigen Düfte verweht, sollten Sie Herbstdufter in eine von Mauern oder Hecken abgeschirmte Ecke setzen. In einer solchen Nische kann sich der Duft ganz ungestört entfalten.

## Beste Zeit zum Pflanzen

Der Herbst, alternativ dann wieder das Frühjahr, ist die beste Zeit, einen neuen Duftgarten anzulegen. Ein bisschen Koordination ist dazu notwendig. Allzu leicht verfällt man in einen wahren Duftrausch und erlebt dann zur Blütezeit im nächsten Jahr ein undefinierbares Duft-Durcheinander.

Vermeiden Sie allzu berauschende Konkurrenzen. Kombinieren Sie stattdessen Blumen mit unterschiedlichen Blütezeiten, Duftpflanzen für den Tag und den Abend, Blatt- und Blütenwohlgeruch. Pflanzen Sie als Puffer duftlose Gewächse, die einfach schön anzuschauen sind.

Wichtig: der richtige Platz, Sonne oder Schatten, für jede Pflanze. Nur dort bekommt sie viele Blüten. Und das sind schließlich bei den meisten Pflanzen die Haupt-Duftlieferanten.

## Auserlesene Winterdüfte

In der kalten Winterluft werden manche Düfte gar nicht richtig wahrgenommen. Schade drum – holen Sie sich deshalb die eine oder andere Winterblüte oder den Zweig eines Strauches in die Wohnung, wo ihr Duft in der Wärme viel besser zur Geltung kommt. Vor allem Schneeglöckchen, die zu den Duftpflanzen gezählt werden, sind im Garten kaum zu riechen. Drinnen aber duften sie nach Honig.

Christ- oder Schneerosen, die je nach Art zwischen Dezember und April blühen,

**TIPP**

**Wenig bekannt, aber meterweit honigsüß duftend: die immergrüne Schleimbeere (Sarcococca humilis). Sie liebt sogar Schattenplätze.**

**Strategisch geplant sein will auch ein Garten: Die Bartblume zählt zu den besonders spät blühenden Sträuchern**

**Wer kennt sie nicht? Die Zaubernuss mit ihren frohlockenden gelben Blüten erhellt sonnenarme Wintertage**

**Zu den eher unbekannten Duftpflanzen zählen Nadelbäume, die fast in jedem Garten wachsen**

lohnen einen Spaziergang in den Garten (beste Duft-Art: Helleborus odorus). Aber auch all die winterblühenden Sträucher, die Eis und Schnee trotzen: Zaubernuss (Hamamelis mollis) mit ihren spinnenartigen, nach Mandeln duftenden Blüten, Duftschneeball (Viburnum farreri) mit seinem Nelkengeruch, die Winterblüte (Chimonanthus) mit einem Hauch von Anis.

Wer sich einen Wintergarten ans Haus gebaut hat, kann diesen in einen winterlichen Dufthain verwandeln. So tragen zum Beispiel Orangen, Mandarinen und andere Zitrusgewächse gleichzeitig duftende Blüten und duftende Früchte. So mancher Oleander, der im vielleicht verregneten Sommer auf der Terrasse enttäuschte, überrascht im sonnigen Winterquartier plötzlich mit Blüten und Marzipanaroma. Mimosen öffnen goldgelbe Puschelblüten, wenn es draußen bitterlich friert. Wenn Sie sich dann noch einen bequemen Korbstuhl zwischen die Kübel schieben, fühlen Sie sich im Dezember oder Januar wie im Sommer im Süden.

Für all diese Kübelpflanzen darf der Platz im Winterquartier allerdings nicht zu warm sein. Mollige Wohnzimmertemperaturen sollte der Wintergarten nicht haben. Besser sind nur acht bis zehn Grad – und eine warme Decke für den Korbstuhl.

## Nadelgehölze mit Wohlgeruch

Bei aromatischen Badezusätzen, Duftölen und Raumdüften sind Koniferennamen breit vertreten. Aber kaum einer denkt daran, dass Nadelgehölze im Garten duften. Dabei haben sie unendlich viele Aromen zu bieten. Zerreiben Sie einmal ein paar Nadeln zwischen den Fingern und riechen Sie daran. Eine Kiefer duftet anders als ein Wacholder. Eine Tanne riecht nach Balsam, eine Douglasie (Pseudotsuga) ein wenig nach Orangen. Lebensbäume (Thuja) verbreitet einen schon fast scharfen Geruch.

Zu verdanken haben die Koniferen ihren würzig-holzigen Duft speziellen Drüsenzellen, in denen zähflüssige Harze gebildet werden. Meist sitzen diese Zellen im Holz, kommen aber auch in Nadeln, Rinde oder Zapfen vor. Die Harze wiederum enthalten ätherische Öle, die die eigentlichen Duftspender sind. Sie lassen sich übrigens sehr leicht destillieren und konzentrieren und deshalb für die verschiedensten Zwecke als Zusätze verwenden. Der Duft der Nadelgehölze wird von Duftexperten mit Frische und Wohltat gleichgesetzt. Manchmal aber riechen die Nadelzweige einfach auch – nach Weihnachtszeit.

### Die Hitparade der Wohlgerüche

| | |
|---|---|
| **Platz 1** | Frisch gebackenes Brot |
| **Platz 2** | Berauschender Rosen-Duft |
| **Platz 3** | Aroma frischer Erdbeeren |
| **Platz 4** | Fruchtiges Apfelsinen-Bukett |
| **Platz 5** | Geruch nach Schokolade |
| **Platz 6** | Duftwolken von Märzveilchen |
| **Platz 7** | Süßer Duft von Pfirsichen |
| **Platz 8** | Aroma reifer Äpfel |

# Düfte für Feierabendgenießer

So mancher hat erst nach der Arbeit Zeit, seinen Garten zu genießen. Für sie hat Mutter Natur sich ein ganz besonderes Programm ausgedacht: Pflanzen, die am Abend ihre Düfte als unsichtbare Wolken durch den Garten schicken. Ganz prosaisch sind Abenddufter Gewächse, die von Nachtschmetterlingen bestäubt werden. Am Tag, wenn diese nicht fliegen, brauchen sie auch niemanden anzulocken. Viel schöner aber ist es doch, dass sie nur da sind, um arbeitenden Menschen die freien Stunden zu versüßen.

## Der Mondscheingarten

Eine ganze Reihe von Pflanzen gibt es, die nur darauf warten, Nachtschwärmer anzulocken, geflügelte, aber auch zweibeinige. Dazu gehören an erster Stelle die Nachtviole (Hesperis matronalis), eine Staude mit weißen oder fliederfarbenen Blüten, und die Nachtkerze (Oenothera odorata), die ihre goldgelben Blütenschalen am Abend öffnet. Der Staudenphlox hat nachtduftende Arten zu bieten und die meisten Geißblattarten (Lonicera) gehören dazu. Zitronen-Taglilien (Hemerocallis citrina) verbreiten, der Name sagt es schon, leichten Zitronenduft. Betäubend ist der Duft der weißen Königslilie (Lilium regale). Heliotrop steuert delikates Vanillearoma bei. Und auch Levkojen versüßen die letzten Stunden des Tages.

### Am liebsten in Weiß

Damit Sie Ihre Abenddufter im Mondscheingarten noch gut erkennen können, sollten Sie Pflanzen mit weißen Blüten nehmen. Die fangen die letzten Lichtstrahlen ein, wenn alle anderen Farben schon in der Dämmerung versunken sind.

### Nächtliche Düfte im Kübel

Die reinste Verführung ist die Engelstrompete mit ihren riesengroßen Blüten, die man gar nicht überriechen kann. Wunderblumen (Mirabilis) und Ziertabak (Nicotiana alata) verleiten zum Träumen. Sie können auch alle anderen Nachtdufter, die fürs Gartenbeet empfohlen werden, in Töpfe setzen und sich, auf einem Regal gestapelt, in Nasenhöhe holen.

**Kurz vor 20 Uhr (bei Sommerzeit 21 Uhr) öffnen die Nachtkerzen ihre Blüten**

**Ein weiterer Abenddufter ist die Königslilie mit ihren anmutigen weißen Blüten**

**Die Engelstrompete schätzt man vorwiegend als Kübelpflanze**

# Düfte der Rosen

**TIPP**

**Allerlei Wissenswertes über Rosen im Allgemeinen und den Rosenduft im Besonderen erfahren Sie im Rosenmuseum in Steinfurth bei Bad Nauheim.**

Den Duft der Rosen benutzten die Götter auf dem Olymp als Mittel der Verführung. Die Senatoren im alten Rom trafen sich unter duftenden Rosen, um geheime Dinge zu besprechen – „sub rosa" hieß so eine Nachricht, die nicht für jeden bestimmt war. Aber auch heutzutage lassen wir uns vom Rosenduft gern berauschen. Unter allen Düften zählt er zur Luxusgruppe. Rosendüfte sind unterschiedlich wie die Blumen selbst. Manche Rosen duften lieblich, andere fruchtig, erfrischend, harzig. Düfte nach Nelken, Zimt, Linden, Flieder, Äpfeln, Bananen und anderem mehr gibt es bei den Rosen.

Lange Zeit war gerade bei modernen Rosen der Duft fast weggezüchtet worden – nicht absichtlich, sondern als Folge anderer Schwerpunkte (Gesundheit, große Blüten, neue Farben), die gesetzt wurden. Seit ein paar Jahren aber duften sie wieder.

Allerdings gab es schon immer, auch bei den berühmten historischen Rosen, solche, die mehr und solche, die fast gar nicht geduftet haben. Die wohlriechenden blieben anscheinend nur länger in Erinnerung. In Erinnerung bleibt vielen auch der Duft der türkischen Fuchsrose (Rosa foetida): Er ist nicht himmlisch, sondern – milde ausgedrückt – streng.

**Für Auge und Nase: Eine dauerblühende Strauchrose!**

**Dass Rosen duften, ist kein Geheimnis, ihre Sortenvielfalt dagegen immer wieder eine Überraschung!**

## Rosen für jeden Gartenplatz

Duftende Rosen sind eine Klasse für sich. Eingeteilt aber werden Rosen nach ihrer Wuchs- und Verwendungsform. Langstielige Edelrosen und Beetrosen machen sich gut als Gruppe. Strauchrosen sind herrliche Solisten, können sich aber auch zur Rosenhecke zusammentun. In diesen drei Gruppen finden sich besonders viele Duftexemplare. Kletterrosen schmücken Bögen, Pergolen oder umranken Mauern und Zäune. Aber: Man muss Ausschau halten nach duftenden Sorten. Zwergrosen sind perfekte Bodendecker. Allerdings sind unter ihnen so gut wie keine duftenden Sorten zu finden.

Selbst Kübelgärtner brauchen auf duftende Rosen nicht zu verzichten. Der Kübel allerdings sollte hoch genug für die langen Wurzeln sein.

## Historische Rosensorten

Besonders schöne Düfte haben viele alte, historische Rosen. Das sind solche, die es schon im vergangenen Jahrhundert gab. Neben den herrlichen Düften besitzen sie prall gefüllte Blüten wie Samt und Seide in fantastischen Tönen. Leider blühen die meisten alten Rosen nur kurz, vier Wochen im Jahr.

Gerade die alten Schätze können zu immenser Größe heranwachsen. Für einen kleinen Garten reicht schon ein einzelner Strauch.

In den Sechzigerjahren entwickelte der Engländer Austin die so genannten „englischen Rosen", eine Kreuzung von modernen und alten Rosen. Von den alten haben sie den Duft und die schöne Blütenform, von den neuen die lange Blütezeit.

## Rosenduft in Nasenhöhe

Für Duftfans geradezu ideal sind Hochstämmchen. Das ist keine Wuchsform der Natur, sondern eine von den Züchtern entwickelte: Auf ein Stämmchen werden Beet- oder Kletterrosen veredelt. Unterschieden werden Hochstämmchen mit etwa 100 cm Stammhöhe und Halbstämmchen, die etwa 60 cm hoch sind. Aber auch mit Strauchrosen haben es Duftfetischisten einfach: Sie laden geradezu ein, die Nase in die Blüten zu tauchen.

## Rosen in schöner Begleitung

Früher standen Rosen allein, oft ein wenig staksig auf einem Beet. Heute setzt man ihnen eine schöne Begleitung zur Seite – einen Hofstaat, wie es der Königin der Blumen gebührt. Das können duftende Blumen wie Lavendel oder Katzenminze sein. Besonders schön sehen Rosen mit silbrig-weißen Bodendeckern wie Hornkraut oder Steinkraut aus. Auch duftiges Schleierkraut, weiße und blaue

**Aus England stammt die kleine, stark nach Myrrhe duftende Rose 'Charles Austin' (1973)**

**TIPP**

**Nicht alle englischen Rosen duften oder blühen bis zum Herbst. Fragen Sie beim Kauf danach.**

**Ebenfalls aus England kommt die zartrosa blühende 'Constance Spry' von David Austin (1961)**

**Rosen schätzen eine angemessene Begleitung sehr. Im Bild ist es die vielseitige Ringelblume**

**Rosen und Lavendel sind eine traditionelle und erprobte Verbindung der Anpflanzung**

**Keine Rose ohne Dornen, sagt der Volksmund, und dennoch versuchte man sie wegzuzüchten**

Glockenblumen, Rittersporn, gelb blühende Fetthenne und weißer Phlox kommen im Rosenbeet gut zur Geltung.

Besonders elegant sind Rosen mit Gräsern. Nicht mit allzu vielen, sondern mit wenigen, die das i-Tüpfelchen bilden.

Manche Rosenbegleitpflanzen wie Lavendel, Thymian und Rote Margeriten (Pyrethrum) sehen nicht nur schön aus, sondern halten der Blumenkönigin auch die Blattläuse vom Stängel.

## Liebling und Sorgenkind

Rosen sind zwar die beliebtesten Gartenpflanzen, aber auch die, die viele Sorgen machen. Mehltau, Blattläuse, Sternrußtau und andere Krankheiten bereiten Kopfzerbrechen und machen aus der Königin schnell ein Aschenputtel. Vieles aber lässt sich durch den richtigen Platz und die richtige Pflege verhindern.

Rosen wachsen in jedem guten Gartenboden. Nur nasse Füße schätzen sie überhaupt nicht. Aber sie sind Sonnenkinder; an einem schattigen Platz verkümmern sie schnell.

Rosen brauchen meist mehr Nahrung, als sie im Boden vorfinden. Deshalb müssen Sie düngen: Einmal nach dem Frühjahrsschnitt, etwa Ende März, ein zweites Mal im Juni/Juli. Am besten kaufen Sie speziellen Rosendünger.

Zu gießen brauchen Sie Rosen nur in längeren Trockenzeiten. Mit ihren langen Wurzeln finden sie noch Wasser, wenn die Erdoberfläche schon ganz trocken ist. Gießen Sie die Rosen nur im Wurzelbereich, nie über Blüten und Blätter.

Die meisten Fehler werden beim Schneiden gemacht. Im Herbst sollten Sie gar nicht an Rosen herumschnippseln. Schnittzeit ist das Frühjahr, wenn die Knospen anfangen zu schwellen. Am besten Sie gehen folgendermaßen vor: Schneiden Sie zuerst alles Erfrorene weg, dann solche Triebe, die nicht wenigstens bleistiftdick sind. Beet- und Edelrosen werden auf vier bis sechs Augen zurückgeschnitten. Strauchrosen werden nur

**TIPP**

**Man sagt, dass Rosen, die in einem schweren Boden stehen, kräftiger duften als solche in leichter Erde. Und dass Rosen, die zu gut gedüngt werden, viel von ihrem Duft verlieren.**

alle vier Jahre ausgelichtet. Bei Kletterrosen nehmen Sie nur überaltete und zu dichte Triebe heraus.

Schließlich müssen Sie Rosen im November winterfest machen: Alle welken Blätter aufharken, um den Stamm 10 cm hoch Erde oder Kompost packen. Ende Dezember kommt auf diesen Erdhügel noch eine Schicht Tannenzweige. Zweige und Erde werden erst Mitte März wieder entfernt.

**Historische Rosensorten werden gehegt und sind heute noch erhältlich: Hier die persische Strauchrose 'Rose de Resht'**

## Die schönsten Duftrosen

| Sorte | Farbe Weiß | Farbe Gelb | Farbe Orange | Farbe Rosa | Farbe Rot |
|---|---|---|---|---|---|
| **Beetrosen** | Margaret Merill | Benita, Friesia, Golden Shot, Sunflare | Aprikola, Fellowship, Goldtopas, Marina, Träumerei | Heidelinde, Ludwigshafen, The Queen Elisabeth Rose, Tom Tom | Duftwolke |
| **Edelrosen** | Evening Star, Memoire, Nostalgie, Polarstern, Sebastian Kneipp | Berolina, Candlelight, Golden Medaillon, Lolita, Mabella, Peer Gynt, Sutters Gold, Valencia | Alexandra, Ave Maria, Hamburger Deern | Agnes Bernauer, Auguste Renoir, Brinessa, Esmeralda, Frederic Mistral, Lady Like, Pariser Charme, Violina | Acapella, Crimson Glory, Duftfestival, Duftwolke, Duftzauber, Erotika, Liebeszauber, Mainauduft, Tatjana |
| **Strauchrosen** | Frühlingsduft, Schneewittchen, Weiße Wolke | Bremer Stadtmusikanten, Frühlingsgold, Maigold, Polka, Postillion | Freisinger Morgenröte, Westerland | Colette, Conrad Ferdinand Meyer, Fritz Nobis, Elsmhorn, Ilse Haberland, Parkjuwel, Park Wilhelmshöhe, Yellow Romantica | Rosenresli |
| **Kletterrosen** | Bobby James, Filipes Kiftsgate, Harlekin, Ilse Krohn Superior, Long John Silver | Alchymist, Compassion, Maréchal Niel | Gloire de Dijon | Lawinia, Morning Juwel, New Dawn, Paul Noel, Summer Wine | Chevy Chase, Gruß an Heidelberg, Sympathie |
| **Historische Rosen** | Blanche Moreau, Boule de Neige, Botzaris, Quatre Saisons, Suaveolens | | | Fantin Latour, Jacques Cartier, Königin von Dänemark, Louise Odier, Reine Victoria, Souvenir de la Malmaison | Charles de Mills, Rose de Resht, Ulrich Brunner fils |
| **Englische Rosen** | | Graham Thomas | Abraham Darby, Charles Austin | Constance Spry, Heritage, Leander, Mary Rose, Wife of Bath | Fishermans Friend, The Squire |

# Düfte in luftiger Höhe

Besonders intensive Dufterlebnisse versprechen Kletterpflanzen. Zum einen, weil sie der Nase näher sind als eine Blume auf dem Beet. Zum anderen, weil man viele Blüten auf wenig Raum konzentrieren kann: Wenn Sie die Kletterer an einer Pergola oder einem anderen Rankgerüst wachsen lassen.

Allerdings duften bei vielen Kletterpflanzen nur bestimmte Arten. Bei der bekannten Clematis sind es vor allem kleinblütige wie die Bergwaldrebe (Clematis montana) und die sommerblühende Art Clematis recta. Bei den Geißblättern duften viele, jedoch nicht alle. Den stärksten Geruch hat das Echte Geißblatt (Lonicera caprifolium), auch als Jelängerjelieber bekannt. Auch Kletterrosen bedürfen einer Auswahl.

Köstlich nach Vanille riechen die langen Blütenrispen der Glyzine (Wisteria), weiße übrigens noch besser als die violettblauen. Besonders hübsch, wenn auch kurzlebig, sind Duftwicken (Lathyrus odoratus) in zarten Pastelltönen. Jasmin (vor allem Jasminum x stephanense) duftet so überwältigend süß, dass man vielleicht mit dem Sitzplatz ein wenig Abstand halten sollte. Jasmin ist kälteempfindlich, braucht einen geschützten Platz und im Winter eine Abdeckung.

**Aber auch die wohlriechende Wicke steht an Kletterkunst und Duft in nichts nach**

**Was klettert hier übers Gartentor? Genau: Es ist das duftende Geißblatt**

## Liebeslauben und Blütenbogen

Noch viel mehr als andere Duftpflanzen sind die Kletterer dazu geeignet, romantische Gartenecken oder richtige Gartenräume zu gestalten.

In Duftpflanzen gehüllt wird ein von einfachen Holzgerüsten gerahmter Sitzplatz zur Liebeslaube. Unter einer Pergola mit duftenden Kletterrosen genießt man den Nachmittagskaffee besonders intensiv. Eine Haustür, gerahmt von Waldreben, wird zur wunderschönen Ouvertüre und heißt Ihre Gäste willkommen. Und selbst ein schlichter Gartenzaun, über den sich zarte Duftwicken lehnen, hat eine Chance, im Reich der Sinne zu landen.

**TIPP**

**Wer wenig Platz hat, kann duftende Kletterer auch in einem alten Baum oder einer Hecke klettern lassen.**

## Das richtige Spalier

Kletterpflanzen streben auf unterschiedliche Art nach oben. Nach ihrer Klettertechnik richtet sich die Wahl des Rankgerüstes.

Schlinger oder Winder wie das Geißblatt wachsen mit ihren Trieben spiralförmig um Stützen herum. Sie brauchen vor allem senkrechte Haltehilfen.

Ranker wie die Waldrebe besitzen elastische Rankorgane, mit denen sie alles umwinden, was ihnen in die Quere kommt. Gitter aus Metall oder Holz mit dünnen Streben sind gut geeignet.

Spreizklimmer wie die Kletterose haben gar keine richtigen Kletterorgane, sondern krallen sich mit Stacheln oder Seitentrieben fest. Sie brauchen ein Rankgerüst mit vielen waagerechten oder schrägen Streben, müssen aber immer zusätzlich angebunden werden.

Ein Sonderfall ist die Glyzine. Ihre Triebe sind schon nach ein paar Jahren so dick und kräftig, dass sie zum Beispiel ein Regenfallrohr zusammenquetschen können. Nehmen Sie das stabilste Gerüst, das Sie bekommen.

Holzspaliere sind leicht selbst zu bauen. Sie müssen aber wetterfest imprägniert werden, möglichst jedes Jahr neu.

**TIPP**

**Statt professioneller Abstandshalter können Sie auch Korken auf extralange Haken stecken.**

### Abstand muss sein

Ein Klettergerüst darf nie direkt auf einer Wand liegen, sondern sollte etwa 5 cm davon abstehen. Nur so können sich die Pflanzen herumschlingen. Für solche Fälle gibt es spezielle Abstandshalter zu kaufen. Im ersten Jahr sollten Sie alle Kletterpflanzen locker anbinden. Wenn sie sich nach einiger Zeit selbst halten, können Sie die Befestigung wieder abnehmen – nur nicht bei Kletterrosen.

**Auch die Kleinen kommen groß raus: Heckenkirsche**

**Überwältigende Üppigkeit: Geißblatt**

# Düfte am Gartenteich

Die duftende Taglilie fühlt sich am Teichufer wohl

Besonders groß ist das Angebot an Uferpflanzen mit Aroma

Ein sinnlicher Genuss: am Wasser sitzen, sich entspannen, den Fischen zuschauen, ein wenig träumen. Sie können den Genuss aber noch steigern: wenn Sie das Teichufer oder gar den Teich selbst duften lassen.

Mitten im Teich verströmen Seerosen ihr Aroma nach Honig, Vanille oder Zitrone. Aber auch Wasserähre (Aponogeton distachyos) und Wasserfeder (Hottonia palustris) können sich riechen lassen. Im flachen Wasser duften Froschbiss, Kalmus (Acorus) mit Blättern, die nach Zimt und Kampfer riechen, und Bachminze (Mentha aquatica). Für den Teichrand empfehlen sich Pflanzen, denen auch eine gelegentliche Überschwemmung nichts ausmacht: Germer (Veratrum), Goldkolben (Ligularia dentata), das süß nach Vanille duftende Mädesüß (Filipendula), Pfennigkraut (Lysimachia nummularia) mit frischem blumigen Duft, verschiedene Primeln, Taglilien (Hemerocallis), die hübsche Wiesenraute (Thalictrum aquilegifolium) und andere.

## In Erde oder Körbe pflanzen

Duftpflanzen am Teichrand werden gepflanzt wie alle anderen Stauden im Garten auch. Etwas anderes ist es mit den richtigen Wasserpflanzen. Die kommen in ein Lehm-Sand-Gemisch oder in spezielle Wasserpflanzenerde.

Ist der Teich allerdings relativ klein (unter 10 $m^2$), stehen sie besser in Körben: weil sie dann nicht durcheinander wachsen und durch die wenige Erde im Korb ein Überdüngen vermieden wird. Spezielle Gitterkörbe für Wasserpflanzen gibt es im Fachhandel. Sie werden mit Jute oder Pflanzvlies ausgekleidet und mit feuchter Wasserpflanzenerde befüllt. Trockene Erde würde beim Einsetzen des Korbes in den Teich davonschwimmen.

Wer ganz sicher sein will, dass die Erde nicht aufschwemmt, kann zusätzlich Kies darauf streuen. Wichtig: Nie normale Gartenerde nehmen – dann wachsen Algen!

Seerosen sind die Königinnen des Gartenteiches

# Düfte für die Seele

Einfach mal entspannen und sich selbst verwöhnen – für dieses Wohlgefühl gibt es nichts Besseres als duftende Pflanzen. Schon die alten Chinesen, Ägypter und Inder wussten die Kräfte der Natur für solche Zwecke einzusetzen. In unseren Zeiten wurde die Wirkung von Rose, Lavendel und anderen Duftblüten neu entdeckt.

Sie müssen dafür gar keine dicken Bücher wälzen und die Bedeutung der klassischen Aromatherapie studieren. Oft reichen schon Kleinigkeiten. Legen Sie ein paar getrocknete Rosenblütenblätter in Ihr Lieblingsbuch. Parfümieren Sie mit einem Sträußchen Lavendel den Wäscheschrank. Stellen Sie eine kleine Vase mit ein paar Wickenblüten und etwas Minze neben den Waschtisch ins Bad.

## Duft-Therapie mit Potpourris

Das Schöne an Düften ist, dass man sie für eine kleine Ewigkeit verwahren kann – in Form von Potpourris. Das sind Mischungen aus getrockneten Blüten, Blättern und Gewürzen, die in schönen Schalen oder speziellen Duftgefäßen aufbewahrt werden. So erfreuen sie Nase und Augen gleichermaßen. Sammeln Sie ganz nach Lust und Laune duftende Blüten und Blätter im Garten, auch winzige Knospen. Getrocknet werden die Blätter und Knospen auf einem Fliegengitter an einem luftigen, schattigen Platz.

Sind die Blätter so trocken, dass sie knistern, kommen sie zusammen mit trockenen Kräutern und Gewürzen wie Lorbeer, Rosmarin, Thymian, Muskat, Zimtstangen oder Nelken in eine große Schüssel. Nun müssen Sie noch ein

**Aromatisches aus der Natur ergibt ein unvergessliches Duftpotpourri**

**Düfte kann man einfangen: Lavendelsäckchen und Duftglocke**

**Das Einatmen von Kamillendampf gilt als altes Heilmittel bei ersten Erkältungserscheinungen**

**Ein Potpourri selbst herstellen:**

**Die von Ihnen ausgewählten Blüten, Blütenblätter oder Knospen sollen an einem dunklen, kühlen Platz etwa eine Woche lang trocknen.**

**Etwa 25 g Fixiermittel reichen für 1 Liter getrocknete Blüten. Zusammen mit Gewürzen und einem Duftöl vermischen**

**Die Mischung wird über die Blüten gegeben und sorgfältig untergerührt. Etwa einen Monat lang bleibt diese in einem luftdicht verschlossenen Gefäß, damit sich das Aroma entfalten kann**

Fixiermittel (Iris- oder Veilchenwurzelpulver aus der Apotheke) zugeben, das den Duft speichert und langsam wieder abgibt.

Vermengen Sie alles gut miteinander und geben die Mischung für einen Monat in ein luftdicht verschlossenes Gefäß. Kühl und dunkel stellen. Hin und wieder umrühren. Haben sich die Düfte gut vermischt, kommt das Duftpotpourri in ein schönes Gefäß.

Lässt der Duft des Potpourris nach, frischen ihn ein paar Tropfen Duftöl aus dem Reformhaus wieder auf.

## Wohlfühl-Bank

Um Düfte zu genießen, braucht man viel Muße. Nehmen Sie sich die Zeit, setzen sich auf eine Bank, schließen die Augen und atmen Sie die Gerüche des Gartens in vollen Zügen ein. Ein Sitzplatz im Duftbeet ist eine Wohltat für Psyche und Geist.

Sie können sich auch selbst eine duftende Balsam-Bank für den Garten bauen. Dazu mauern Sie eine Art Kiste mit Rückwand (Sitzhöhe beachten) aus Backsteinen oder Holzschwellen. Holz ist zwar nicht so dauerhaft, sieht aber zu Pflanzen sehr schön aus. Füllen Sie das Innere zu zwei Dritteln mit grobem Kies. Darüber kommt eine Mischung aus grobem Sand und Komposterde. Und dort hinein werden kleine Duftpflanzen gesetzt.

Ideal sind Römische Kamille (Chamaemelum nobile) oder Kriechthymian. Beide nehmen zeitweilige Belastung nicht übel und hüllen Sie in eine würzige Duftnote. Wenn die Pflänzchen nach einiger Zeit richtig eingewurzelt sind, können Sie bedenkenlos auf Ihrem Duftkissen Platz nehmen.

Nur allzu kräftig hin- und herrutschen sollten Sie auf der Bank nicht – lieber nur hinsetzen, sich zurücklehnen und wohl fühlen.

### Schöne Träume

Manche Düfte fördern schöne Träume und gesunden Schlaf. Füllen Sie eine Kissenhülle aus Baumwolle oder Leinen zum Beispiel mit getrockneter Melisse, Hopfenblüten, Lavendel, Rosenblättern, Weißdorn, Johanniskraut und Schafgarbe.

Für ein Kissen: Etwa 45 x 20 cm groß, brauchen Sie rund 250 Gramm getrocknete Kräuter, zu gleichen Teilen gemischt.

Benutzen Sie ein Duftkissen als Schlafkissen. Durch die Körperwärme werden schlaffördernde Aromen freigesetzt. Etwa nach einem Jahr sollten Sie die Mischung erneuern.

**Thymian in Kombination mit Lavendel: Duftoasen, die betören**

### Eine Auswahl der schönsten Blütendufter

| Pflanze | Botanischer Name | Blütezeit | Höhe in cm | Standort | Duftnote |
|---|---|---|---|---|---|
| **Sommerblumen** | | | | | |
| Duftsteinrich | *Lobularia* | VI–IX | 10 | sonnig | nach Honig |
| Duftwicke | *Lathyrus odoratus* | VI–IX | bis 200 | sonnig | blumig-süß |
| Goldlack | *Cheiranthus* | IV–VI | 30–50 | sonnig | nach Honig |
| Nachtviole | *Hesperis* | V–VI | 80 | sonnig, halbschattig | exotisch-süß |
| Nelke | *Dianthus* | V–VIII | 30–50 | sonnig | würzig-süß |
| Reseda | *Reseda odorata* | VII–IX | 40 | sonnig | blumig |
| Vanilleblume | *Heliotropium* | VI–IX | 40–50 | sonnig | vanilleartig |
| Ziertabak | *Nicotiana alata* | VII–IX | 70–90 | sonnig | sehr süß |
| **Stauden** | | | | | |
| Duftveilchen | *Viola odorata* | III–IV | 10 | halbschattig | blumig-süß |
| Flammenblume | *Phlox paniculata* | VI–VIII | 80–110 | sonnig, halbschattig | nach Honig |
| Inianernessel | *Monarda* | VII–IX | 80–120 | sonnig | nach Melisse |
| Maiglöckchen | *Convallaria* | V | 25–30 | halbschattig, schattig | blumig |
| Pfingstrose | *Paeonia* | V–VI | 80–100 | sonnig, halbschattig | blumig-herb |
| Schleifenblume | *Iberis* | IV–V | 25 | sonnig | nach Honig |
| Steinkraut | *Alyssum* | IV–V | 30 | sonnig | süß |
| Taglilie | *Hemerocallis* | VI–VIII | 50–70 | sonnig, halbschattig | blumig-süß |
| **Zwiebelblumen** | | | | | |
| Freesie | *Freesia* | VI–VII | 30–40 | sonnig | fruchtig |
| Hyazinthe | *Hyacinthus* | IV–V | 25–30 | sonnig | blumig-herb |
| Lilie | *Lilium* | VI–VIII | 80–120 | sonnig | kräftig-blumig |
| Narzisse | *Narcissus* | IV–V | 30–40 | sonnig, halbschattig | vanilleartig |

# Gourmettempel: Der Garten zum Schmecken

# Die neue Lust am Küchengarten

Die Liebe zum Garten geht auch durch den Magen. Wen wundert es – schließlich ist Schmecken ein ganz wichtiger unserer Sinne. Eng verbunden ist das Schmecken mit dem Sehen – das Auge isst mit. Planen Sie Ihren Garten so, dass er – oder zumindest ein Teil davon – zum richtigen Schlaraffenland wird. Das muss kein separater Nutzgarten sein: Blumen, Kräuter und Gemüse dürfen bunt gemischt werden.

Der neue Trend im Gourmetgarten ist ein Dreiklang: Nützlich, lecker, schön! Mit Kräuterkostbarkeiten, der Vielfalt an neuen und wieder entdeckten Gemüsen und Beerennaschereien lässt sich eindrucksvoll gestalten.

Ganz neu sind solche dekorativen Küchengärten nicht. Schon vor über vierhundert Jahren legten fürstliche Gärtner die herrlichsten Gemüsegärten an. Ein Prachtbeispiel können Sie noch heute besichtigen: den Schlossgarten von Villandry in Frankreich. Dort leuchten auf buchsgesäumten Beeten violette Artischocken, purpurner Kohl, rote Paprika, gelbe Kürbisse und vieles mehr, streng sortiert nach Farben und Formen, umrahmt von Apfel- und Birnbaumspalieren. Ein echter Augenschmaus ...

Die Genüsse im Garten dürfen auch ganz raffiniert sein. Vielleicht laden Sie zu einem Essen mit Blüten ein oder präsentieren Exotenfrüchte – alles selbst geerntet. Doch egal was in Ihrem Gourmettempel wächst: Nirgendwo bekommen Sie Gemüse, Kräuter und Obst frischer. Außerdem wissen Sie bei eigener Produktion genau, was auf den Tisch kommt: Nahrungsmittel, die natürlich herangewachsen sind, ohne Chemie, und deshalb durch und durch gesund.

**Ein wunderschöner Gemüse- und Blumengarten: Mangold und Akelei**

## Kräuterzauber

Wer seinen Garten mit fast allen Sinnen auf einmal genießen will – sehen, fühlen, riechen, schmecken –, der sollte Kräuter pflanzen. Nicht nur Petersilie und Schnittlauch, sondern das Schönste, was der Kräutermarkt bietet.

Kräuter der neuen Art duften nicht nur betörend und schmecken fantastisch, sie zeichnen sich vor allem durch auffallende Blätter aus. Je nach Art und Sorte sind sie bunt oder gescheckt, golden oder gekräu-

Bunte Paprika sind leicht selbst zu ziehen

Koriander

Blühender Schnittlauch

selt. Dabei so dekorativ, dass sie mit jeder Gartenblume konkurrieren können.

Im Trend in der Küche liegen Mittelmeerkräuter wie Lavendel, Oregano, Rosmarin, Salbei und Thymian.

## Kräuter in allen Farben

Für gelbbunte Töne im Gartenbeet sorgen Goldsalbei, Ingwerminze, zweifarbige Zitronenmelisse und einige weitere Kräuter. Purpursalbei und dunkles Basilikum steuern Rottöne bei. Ananasminze und Currykraut vertreten die silberweiße Farbpalette. Ganz besonders hübsch anzuschauen ist dreifarbiger Salbei, dessen Blätter mit zartem Rosa überhaucht sind. Und vom Thymian gibt es so viele bunte Varianten, dass die Wahl schwer fällt.

## So schön wie Blumen

Manche Kräuter können mit besonders schmucken Blüten aufwarten. Baldrian bekommt duftige weißrosa Blütendolden, Beinwell rosaviolette Glockenblüten, Borretsch strahlend blaue Sternenblüten. Kamille schmückt sich mit gänseblümchenähnlichen Blüten; Lavendel ist zur Blütezeit ein violetter Traum. Waldmeister blüht weiß, selbst an Schattenplätzen. Tripmadam bildet dichte Polster mit gelben Blüten.

## Säen oder kaufen

Ein Kräutergarten, aus Samen gezogen, ist ein preiswertes Vergnügen. Oft allerdings wachsen aus dem Inhalt eines Samentütchens so viele Pflanzen, wie Sie in der Küche nie verbrauchen können. Gründen Sie mit Freunden einen Saatklub. Der eine sät Petersilie, der andere Basilikum, der dritte Estragon! Die jungen Pflanzen werden dann ausgetauscht. Oder Sie kaufen im Mai auf dem Wochenmarkt oder in der Gärtnerei einzelne vorgezogene Pflanzen. Ausgefallene Kräuter bekommen Sie in Versandgärtnereien, die sich darauf spezialisiert haben und oft mehrere hundert Kräutersorten im Programm haben, vom Aztekischen Süßkraut bis zum Zitronengras.

## Alles am rechten Platz

Damit die Ernte reichlich ausfällt, brauchen die meisten Kräuter (und übrigens auch Gemüsepflanzen) einen Platz an der Sonne. Mit Dünger dagegen dürfen Sie bei Kräutern sparsam umgehen. Bekommen sie zu viel Nährstoffe, entwickeln sie nur wenig Aroma. Deshalb auf keinen Fall zu Blumen setzen, die häufig gedüngt werden. Eine Ausnahme: Schnittlauch ist für gelegentliche Stickstoffgaben dankbar. Versorgen Sie ihn mit Brennnesselbrühe oder Beinwelljauche. Auch etwas Guano tut ihm gut.

Mediterrane Kräuter lieben einen trockenen, mageren Boden. Mischen Sie etwas Sand unter. Die einheimischen Kräuter wachsen in jedem normalen Gartenboden.

Wer kurze Wege liebt, legt sich ein Kräuterbeet neben der Küchentür an. Ansonsten aber haben sich Kräuter alle Gartenbereiche erobert. Im Ziergarten mischen sie sich unter Blumen; im Steingarten spielen sie Bodendecker. Manche wie Tripmadam und Bergbohnenkraut sind charmante Lückenfüller in Treppen- und Pflasterfugen. Andere wie Eberraute und Ysop lassen sich zu niedrigen Hecken und Beeteinfassungen formen. Brunnenkresse fühlt sich sogar am feuchten Ufer des Gartenteichs wohl. Fast alle wachsen auch ausgezeichnet im Kübel.

Zum Ernten sollten Kräuter vom Weg oder von Trittplatten aus erreichbar sein.

**Rosmarin**

**Bunte Kräuter: Kapuzinerkresse, Ringelblume, Monarda und Borretsch**

Ein Kräutergarten findet auch in einem alten Wagenrad seinen Stammplatz

Eine ausgefallene Form für ein Kräuterbeet ist die Kräuterspirale

Ein Rosenhochstamm im Kräutergarten

## Kräuter im Winter

Kurzlebige Kräuter wie Kresse, Dill, Basilikum und Petersilie sterben wie die Sommerblumen beim ersten kräftigen Frost ab. Langlebige, aber frostempfindliche wie Rosmarin und Lorbeer werden im Herbst in einen Topf umgesetzt und kommen zum Überwintern an einen kühlen, hellen Platz ins Haus.

Schlagen Sie der Natur ein Schnippchen: Holen Sie kurzlebige Kräuter im Spätsommer ins Haus. Dort können Sie noch einige Wochen länger ernten als im Garten.

Mehrjährige Kräuter mit weichen Trieben wie Melisse und Schnittlauch werden über dem Boden abgeschnitten und leicht abgedeckt. Verholzte wie Salbei kappt man erst im Frühjahr.

### Sehenswerte Kräutergärten

- Apothekergarten im Botanischen Garten, Augsburg
- Hexengarten im Britzer Garten, Berlin-Neukölln
- Klostergarten Michaelstein, Blankenburg
- Heilkräutergarten Ottohöhe, Eberbach-Neckarwimmersbach
- Aromagarten in der Palmsanlage, Erlangen
- Ökostation im Seepark, Freiburg
- Botanischer Garten für Arznei- und Gewürzpflanzen, Großpößna-Oberholz
- Kloster-Kräutergarten, Insel Reichenau
- Heilkräutergarten im Schlosspark, Weinheim
- Apothekergarten im Aukammtal, Wiesbaden

# Dekoratives Gemüse

Früher stand Gemüse in dem Ruf, nützlich und schmackhaft zu sein, aber nicht unbedingt schön. Das hat sich geändert. Im modernen Gemüsegarten ist Farbe angesagt. Blaue Bohnen und grüner Blumenkohl, roter Salat, gelbe Gurken und gestreifte Tomaten – die bunten Züchtungen können mit jeder Blume konkurrieren.

Farbige Bohnen wie die gelbe ‚Berggold', die violette ‚Blauhilde' oder die rotgefleckten Borlotto-Bohnen sehen am besten im Garten aus. Im Kochtopf werden alle grün. Ein Hingucker ist Mangold in Rot oder (neu) mit rot-gelben Stängeln. Rote Bete gibt es klassisch rot sowie mit weiß geringeltem, ganz weißem oder gelbem Fruchtfleisch. Möhren und Zucchini kennt jeder. Auch die weiße Möhre , Blanche' oder goldgelbe Zucchini? Rosenkohl können Sie sogar in Rot haben, Tomaten grün-gelb gestreift.

Von vielen Gemüsesorten gibt es für die feine Küche auch eine etwas feinere Variante: Rote Lauchzwiebeln statt normaler Gemüsezwiebeln, Romanesco statt Blumenkohl, grüner Spargel statt der bekannten weißen Stangen, süße Cocktailtomaten statt der normalen Sorten.

Geschmacklich stehen die bunten den altbekannten Sorten in nichts nach. Manche allerdings sind nicht so ertragreich.

## Viele Möglichkeiten

Auch fürs Gemüsebeet gilt: Ein Mix zwischen zierenden und nutzenden Pflanzen ist angesagt. Holen Sie Blumen ins Gemüsebeet oder setzen Sie Gemüse zu den Blumen; die einen können die Wirkung der anderen unterstreichen. Spinat mit seinen dunklen Blättern lässt farbige Blüten noch mehr leuchten. Artischocken sehen mit ihrem silbergrauen Laub so prachtvoll aus, dass sie jedem Blumenbeet Ehre machen. Stangenbohnen oder Erbsen können einen Laubengang zieren. Anstelle von Wicken dürfen auch Gurken einen Drahtzaun schmücken.

**Gemüsebeet mit eingestreuten Blumen**

Planen Sie ein Gemüsebeet pur, dann setzen Sie ein paar hohe Objekte ein, die es interessanter machen: Ein schönes Klettergerüst aus Holz oder Eisen für Erbsen oder Bohnen oder gar ein hübsches Obstbäumchen. Eine weitere Möglichkeit: Sie geben ihm einen bunten Blumenrahmen, etwa aus Tagetes, niedrigen Sommerastern oder duftenden Pfingstnelken.

Ein Gemüsebeet muss nicht immer rechteckig sein. Schön fürs Auge ist es mit sternförmigen Wegen und dreieckigen Beeten, in Rautenform oder, wie früher im Bauerngarten, mit einem Wegekreuz, in dessen Mitte eine Sonnenuhr steht oder ein Rosenbäumchen wächst.

## Pflegeleichtes Staudengemüse

Normalerweise wird Gemüse gesät, geerntet und im nächsten Jahr wieder neu gesät. Es gibt aber Staudengemüse, das mehrere Jahre am gleichen Platz stehen bleibt, häufige Bodenbearbeitung überflüssig macht und genau das Richtige ist für Gärtner, die mehr Zeit zum Genießen (und vielleicht zum Kochen) haben wollen. Zum Beispiel Gemüseampfer, Guter Heinrich, Knollenziest, Meerkohl, Topinambur und Winterheckzwiebeln. Diese uralten Gemüsesorten waren lange Zeit in Vergessenheit geraten, sind aber jetzt von Feinschmeckern wiederentdeckt worden.

Übrigens: Zu den Staudengemüsen zählt auch der Rhabarber, wenn ihn auch viele Leute dem Obst zuordnen.

Unterschätzen Sie nie den Wasserbedarf von Gemüse. In trockenen Zeiten unbedingt gießen!

In einem anzulegenden Garten finden sich zahlreiche Ecken für einen Garten der Sinne

## Die besten Kombinationen

Für eine optimale Ernte sollten Sie Gemüse richtig kombinieren. Denn es gibt tatsächlich solches wie Tomaten und Bohnen, das sich gegenseitig im Wachstum fördert, und anderes wie Sellerie und Lauch, das sich überhaupt nicht grün ist.

Wenn Sie entsprechende Kräuter zum Gemüse setzen, sorgen diese dafür, dass viele Schädlinge Reißaus nehmen.

## Säen zur richtigen Zeit

Frostempfindliches Gemüse säen Sie Anfang März im Zimmer, im geschützten Frühbeet oder im Gewächshaus aus und setzen die jungen Pflanzen Mitte Mai in den Garten. Dazu gehören schmackhafte Auberginen, Gurken, Kürbis, Paprika, Tomaten, Zucchini.

Ein kreuzförmig angelegtes Mischbeet mit Begonien, Tagetes, Lauch, Sellerie, Möhren und Bohnen

Robuste Arten wie Blumenkohl, Chicorée, Erbsen, Kohlrabi, Mangold, Möhren, Radieschen, Rosenkohl, Rotkohl, die meisten Salate und Spinat können ab April gleich aufs Gartenbeet gesät werden. Saatbänder verhindern, dass Gemüse zu dicht steht und anschließend mühsam pikiert oder ausgezupft werden muss.

## Gemüsebeete vorbereiten

Über den Ernteerfolg entscheidet vor allem die Bodenvorbereitung. Lockern Sie den Boden ein paar Wochen vorm geplanten Saattermin und verbessern Sie ihn mit reichlich Kompost. Direkt vorm Säen wird noch einmal geharkt und danach mit der umgedrehten Harke geglättet. Ist kein Regen zu erwarten, müssen Sie nach dem Säen mit der Brause wässern – jedoch nicht so stark, dass der Samen weggeschwemmt wird. Stehen die Sämlinge später zu dicht, werden die schwächsten ausgezupft. Die Abstände finden Sie auf den Saattüten.

Wenn Sie das Beet mit luft- und wasserdurchlässiger Spezialfolie (Gartenbedarf) abdecken, bleibt die Erde länger feucht und die Saat sprießt schneller.

| Gute Nachbarschaft |
|---|
| **Diese Kräuter schützen bestimmte andere Pflanzen vor Krankheiten und Schädlingen** |
| Basilikum zu Gurken, Tomaten und Zucchini pflanzen |
| Bohnenkraut zu Busch- und Stangenbohnen sowie Salat |
| Borretsch zwischen Gurken, Kohl und Zucchini |
| Dill zu Erbsen, Gurken, Kohl, Möhren und Tomaten |
| Kamille zu Lauch, Möhren und Zwiebeln |
| Kapuzinerkresse zum Kohl und unter Obstbäume setzen |
| Knoblauch zwischen Erdbeeren stecken |
| Lavendel zwischen Rosen |
| Meerrettich zwischen Kartoffeln |
| Petersilie zu Rettich, Tomaten und Zwiebeln pflanzen |
| Portulak zu Kopfsalat |
| Ringelblume zu Lauch und Rotkohl |
| Schnittlauch unter Apfelbäume |
| Schnittsellerie zwischen Kohl |
| Wermut zwischen Johannisbeeren |

**Gemüsemangold ist in drei Farbvarianten erhältlich**

**In der Mischkultur ergänzen sich Kräuter und Gemüse auf sinnvolle Art und Weise**

# Für den Beerenhunger

Die vitaminreiche schwarze Johannisbeere

Etwas ganz besonders Leckeres ist ein Naschgarten mit Beerenfrüchten: Johannisbeerbüsche entlang eines Weges, Brombeerranken an der Pergola, Monatserdbeeren am vorderen Rand des Blumenbeete, so dass man im Vorbeigehen die süßesten Früchte pflücken und gleich in den Mund stecken kann.

Trotz regelmäßiger Naschereien bleibt aber wahrscheinlich noch so viel übrig, dass es für ein paar Gläser Marmelade, einige Flaschen Saft und traumhafte Kuchen- und Dessertideen reicht.

Beeren reifen den ganzen Sommer über, von den ersten Erdbeeren im Juni bis zu den letzten Himbeeren im Herbst.

## Beerenauslese

Brombeeren können ganz schön pieken. Deshalb wurden stachellose Sorten gezüchtet. Wer allerdings ehrlich ist, muss zugeben, dass sie an das Aroma der stacheligen Verwandten nicht heranreichen. Dafür ist das Pflücken einfacher.

Bei Erdbeeren haben Sie die Wahl zwischen den bekannten großfruchtigen und den zuckersüßen kleinen Wald- und Monatserdbeeren, von denen man gleich eine ganze Hand voll auf einmal in den Mund stecken kann.

Die Walderdbeeren haben einen ungeheuren Ausbreitungsdrang – ideale Bodendecker. Bei den großfruchtigen Sorten sollten Sie, wenn die Früchte reifen, Stroh unterlegen, damit sie nicht schimmeln.

Heidelbeeren mögen es sauer. Sie gedeihen am besten in torfreichem Boden, dort, wo auch Rhododendron wächst. Feucht sollte es außerdem sein – aber nie mit kalkhaltigem Leitungswasser gießen. Sie wachsen zu zwei Meter hohen Sträuchern heran und haben gleich zweimal im Jahr einen großen Auftritt: Zur Erntezeit und im Herbst, wenn sich das Laub leuchtend rot verfärbt.

Auch in kleinen Gärten trifft man auf Beerensträucher: Der Johannisbeerhochstamm steht mitten zwischen Tulpen und Tränendem Herz

Himbeeren zählen für viele Leute zum Leckersten, was der Garten zu bieten hat. Neuerdings können Sie Himbeertorten sogar dreifarbig belegen: Mit roten, gelben und schwarzen Früchten. Wie Brombeeren brauchen auch Himbeeren Stützen. Setzen Sie Pfähle im Abstand von zwei Metern, spannen Drähte dazwischen und binden die Ruten daran an.

Johannisbeeren gibt es in Weiß, Rot, Schwarz und neuerdings auch Rosafarben. Die schwarzen sind pur nicht jedermanns Geschmack, besitzen aber besonders viele Vitamine und ergeben köstliche Konfitüren.

Stachelbeeren waren früher verrufen, weil sie schnell Mehltau bekamen. Neue Züchtungen machen weniger Probleme, vor allem, wenn sie am richtigen Platz stehen: In einem leicht feuchten, gut gemulchten Boden. Stachelbeeren schmecken am besten, wenn sie vollreif, also möglichst spät geerntet werden. Allerdings platzen sie dann auch schnell.

Wem das noch nicht reicht, kann zu Kreuzungen greifen. Purpurrote Tayberries entstanden aus Brombeeren und Himbeeren. Die Eltern der dunklen Jostabeere sind schwarze Johannisbeere und Stachelbeere. Die meisten Beeren schätzen einen sonnigen, warmen und windgeschützten Platz. Stachelbeeren vertragen etwas Schatten.

## Beerensträucher schneiden

Für eine reiche Ernte müssen Beerensträucher beschnitten werden, je nach Art unterschiedlich. Bei Brombeeren schneiden Sie abgetragene Ruten im Frühjahr ab; sie schützen das junge Holz im Winter. Ab Ende Juni Seitentriebe, an denen Blüten sitzen, auf zwei Knospen einkürzen.

Bei Heidelbeeren werden etwa alle fünf Jahre die ältesten Äste über den untersten Seitentrieben gekappt. Schwache Bodentriebe können Sie ganz abschneiden. Bei Himbeeren werden abgetragene Ruten sofort nach der Ernte abgeschnitten. Neue Ruten so weit ausdünnen, dass etwa zehn Stück pro Meter stehen bleiben. Bei Johannis- und Stachelbeeren werden nach der Ernte einige der ältesten Triebe dicht über dem Boden abgeschnitten und die ein- und zweijährigen Triebe eingekürzt. Etwa 15 cm sollten Sie abschneiden. Besonders wichtig ist das Auslichten der Stachelbeertriebe, weil Sie auch dadurch Mehltau verhindern.

**TIPP**

**Die kleinen Monatserdbeeren sind ideale Unterpflanzung für Kübelbäumchen auf der Terrasse. Sie können Ihnen aber auch in den Mund wachsen: Es gibt sogar Ampelerdbeeren.**

Stachelbeeren für besondere Leckermäulchen

Die Ernteausbeute eines ertragreichen Beerenjahres

# Blüten zum Dessert

**TIPP**

**Blumen für die Küche dürfen natürlich nicht gespritzt sein. Deshalb nur solche aus dem eigenen Garten, keine aus der Natur oder aus dem Blumengeschäft verwenden.**

Blüten bieten nicht nur optischen Genuss, sie können auch dem Gaumen schmeicheln. Neu ist es nicht, Blumen in der Küche zu verwenden – in unseren Breitengraden allerdings immer noch ein wenig ungewohnt.

Zu den beliebtesten blumigen Delikatessen unserer Vorfahren zählten vor allem Rosen und Veilchen, aber auch Dahlien, Chrysanthemen und Magnolienblüten. Doch noch viel mehr Blumen laden dazu ein, sie zumindest einmal zu probieren: Kapuzinerkresse, Klatschmohn, Ringelblumen, Holunder, Gänseblümchen, Frauenmantel und viele andere. Im Prinzip können Sie alles ausprobieren – wenn Sie sicher sind, dass die Pflanzen nicht giftig sind.

## Die Vorbereitung

Ernten Sie die Blumen erst kurz vor der Verwendung. Stehen sie länger in der Vase, verlieren sie an Geschmack. Am besten geeignet sind Blüten, die sich gerade erst geöffnet haben.

**Rosenblüten sind die Grundlage für einen besonderen Genuss: Rosenblüten kandieren**

Unter fließendem Wasser waschen sollten Sie die empfindlichen Blüten nicht. Besser tauchen Sie sie in eine Schüssel mit kaltem Wasser und tupfen sie anschließend mit Küchenkrepp vorsichtig trocken. Stängel und Kelchblätter schmecken meist bitter. Sie werden, wenn Sie ganze Blüten verwenden wollen, vorsichtig entfernt.

### Blumige Rezepte

In alten Kochbüchern finden sich noch viele Rezepte mit köstlichen Blüten. Sie reichern Salate an, verzieren Kuchen und Gebäck oder machen aus einer einfachen Bowle ein blumiges Sommervergnügen. Zum Ausprobieren sind hier einige Rezepte.

#### Rosenbowle

Für prickelnde Rosenbowlen gibt es verschiedene Rezepte. Versuchen Sie mal dieses mit Kognak-Zugabe:

Die Blütenblätter von zehn duftenden Rosen mit etwas Zucker beträufeln und $^1/_8$ l Kognak übergießen, eine Stunde zugedeckt stehen lassen. Zwei Flaschen Weiß- oder Rotwein zugeben und weitere zwei Stunden ziehen lassen. Gut durchsieben und kurz vorm Servieren mit kaltem Sekt auffüllen. Zur Dekoration einige Blütenblätter in die Bowle geben.

#### Ringelblumenquark

Wie wäre es mit Ringelblumenquark zum Frühstück? Dazu verrühren Sie 300 g Speisequark mit $^1/_8$ l Sahne, Salz, Pfeffer, etwas Knoblauch und einer gehackten Zwiebel. Zwei Äpfel und eine Salatgurke würfeln und zugeben. Gehackte Kräuter und Ringelblumenblätter untermischen. Den fertigen Quark mit Ringelblumenblüten garnieren.

### Kandierte Blüten

Eine zuckersüße Schleckerei sind kandierte Blüten. Besonders gut dazu eignen sich Veilchen, Holunder, Flieder, Nelken, Salbeiblüten und Lavendel. Tauchen Sie die Blüten in eine Eiweiß-Wasser-Lösung (auf ein Eiweiß ein Esslöffel Wasser). Abtropfen lassen, ringsum mit Zucker bestreuen und am Stängelansatz einzeln zum Trocknen aufhängen.

Verwenden Sie die süßen Blüten zum Dekorieren von Torten, Pudding und anderen Süßspeisen. Übrigens: Wenn Sie Rosen kandieren, sollten die Blüten nicht zu groß sein. Mit kleinen Zuckerröschen lässt sich das Essen schöner dekorieren.

### Kapuzinerkressesuppe

Das ist eine Suppe für Genießer. Zerlassen Sie etwas Butter im Topf, dünsten darin eine gehackte Zwiebel, geben 250 g Kapuzinerkresseblätter zu und dünsten, bis die Blätter zusammenfallen. Mit einem Liter kochender Hühnerbrühe auffüllen, noch einmal zehn Minuten kochen lassen, pürieren. In die Brühe eine Legierung aus drei Eigelb, $^1/_4$ l Sahne und etwas Brühe geben, mit Salz und Pfeffer abschmecken. In der Suppentasse mit einer Kapuzinerkresseblüte und einigen grob gehackten Kresseblättern garnieren.

### Holunderküchlein

Zwei Eigelb, 150 g Mehl, 300 ml Milch, 100 ml Weißwein und 50 g Speisestärke verquirlen. Frisch gepflückte Holunderblütendolden (gerade aufgeblüht) in die Teigmischung tauchen, etwas abtropfen lassen und anschließend in heißem Öl knusprig ausbraten.

Mit Puderzucker bestäuben. Die Küchlein schmecken sehr gut pur zum Kaffee, aber auch mit Johannisbeermarmelade oder einem Klecks Schlagsahne angerichtet.

**Rosenblüten kandieren: Man benötigt 100 g Zucker sowie 3–4 Eiweiße, je nach Menge der Blüten. Die Rosenblüten werden vorsichtig gewaschen und auf Küchenkrepp getrocknet**

**In die mit drei bis vier Teelöffel Wasser verquirlten Eiweiße werden die Blüten eingetaucht oder man trägt die Mischung mit einem Pinsel auf. Abtropfen lassen**

**Auf die feuchte Schicht wird der Zucker gestreut. Die Blüten sollen einige Tage an der Luft trocknen. Auf Vorrat hergestellte, kandierte Blüten werden in einer Blechdose aufbewahrt**

# Wohlfühltee aus dem Garten

Die modernen Kräuterhexen haben die Gartenapotheke wiederentdeckt und fabrizieren Tees gegen (fast) jedes Wehwehchen. Man muss allerdings nicht krank sein, um einen Kräutertee zu trinken. Es gibt nämlich so richtige Wohlfühltees, bei denen man gar nicht erst auf die Idee kommt, an ein Zipperlein zu denken. Eine Mischung aus Pfefferminze, Zitronenthymian und Ringelblumen ist wunderbar erfrischend. Ein herrlicher Sommertee besteht aus Hibiskusblüten, Orangenschalen, Hagebutten, Melisse-, Brombeer- und Himbeerblättern und etwas Zimtrinde (aus der Apotheke).

Melisse, Schafgarbe und Pfefferminze als Abendtee sorgen für guten Schlaf. Haben Sie Stress, trinken Sie einen Tee aus nervenstärkendem Rosmarin oder entspannendem Lavendel oder Kamille. Fenchel-, Anis- und Kümmeltee sollen sogar gegen schlechte Laune helfen.

Johanniskraut ist berühmt für den Gute-Laune-Kick. Allerdings erhöhen Inhaltsstoffe der Pflanze die Lichtempfindlichkeit der Haut. Deshalb ist Vorsicht bei ausgedehnten Sonnenbädern im Garten geboten.

Zum Konzentrieren soll ein Tee aus Pfefferminze, Rosmarin, Salbei und Baldrian nützlich sein. Wer anschließend wieder abschalten will, mixt Hopfen, Johanniskraut, Melissenblätter, Lavendel- und Orangenblüten.

**Getrocknet liefern zahlreiche Blüten das ganze Jahr über herrlichen Tee:**

**Kamilleblüten**

**Lindenblüten (li.)**

**Malvenblüten (re.)**

## Auf Vorrat mischen

Am besten legen Sie sich im Sommer schon einen kleinen Teevorrat für den Winter zu. Ganz wichtig ist das richtige Timing, der beste Erntezeitpunkt: An einem sonnigen warmen Sommertag, am späten Vormittag, ist die Konzentration der Wirkstoffe in den Pflanzen am höchsten.

Leichtes Schütteln der Pflanzen sorgt dafür, dass Staub und kleine Tiere herausfallen. Entfernen Sie Blätter und Triebe, die angewelkt oder sonstwie beschädigt sind. Zum Trocknen werden die Pflanzen mit einem Gummiband zu kleinen Sträußen zusammengebunden und an einem luftigen, schattigen Platz kopfüber aufgehängt.

Wenn die Blätter rascheln und die Stängel brechen, ist die Trockenzeit beendet. Streifen Sie die Blättchen ab, füllen sie nach Arten getrennt in gut verschließbare Gefäße und lagern sie dunkel und trocken. Komplett zerkrümelt werden die Blätter erst zum Gebrauch. Vergessen Sie das Beschriften der Gefäße nicht!

**TIPP**

**Länger als acht Monate sollten Sie die trockenen Teeblätter nicht verwenden. Dann sind Wirkung und Geschmack zum großen Teil verflogen.**

Später nehmen Sie wie beim „richtigen" Tee pro Tasse einen gehäuften Teelöffel davon, geben die trockenen Blätter in die Kanne, übergießen sie mit kochendem Wasser und lassen das Ganze fünf bis zehn Minuten ziehen. Dann durch ein Sieb oder Teenetz gießen und nach Geschmack mit Honig oder Zücker süßen.

Beginnen Sie am Anfang mit Tees aus nur einer Sorte, um den Eigengeschmack kennen zu lernen. Später können Sie dann experimentieren und mehrere mixen, oder durch Zugabe von etwas Zimt, einer Nelke oder Anissamen den Geschmack verändern. So einen Wohlfühltee können Sie auch mit normalem schwarzem Tee mischen. Oder: Sie geben zum Schwarztee einige Holunderbeeren, ein Stück Orangenschale, Pfefferminzblätter oder Hibiskusblüten – ein Genuss!

**Ein Einblick in die Auswahl getrockneter Pflanzenteile als Grundlage für Tee, Aufguss und anderes**

# LebensArt: Der Garten zum Genießen

## Wellness-Farm vor der Wohnzimmertür

Um Ihr Grundstück in einen Wohlfühl-Garten, eine richtige Wellness-Farm zu verwandeln, gehören außer Pflanzen zum Sehen, Hören, Fühlen, Riechen und Schmecken noch mehr dazu: Nämlich Zeit und Muße, den Garten zu genießen. Doch Muße allein genügt noch nicht: Sie sollten den Garten so gestalten, dass er vielerlei Möglichkeiten des Genießens bietet. Das können Sitzecken sein, die an den schönsten Gartenplätzen verteilt sind oder Leuchten, die den Garten in romantisches Licht tauchen.

Planen Sie einen einladenden Eingang ins Paradies, etwa einen rosenüberwucherten Bogen. Schmücken Sie den Garten mit hübschen Accessoires. Verwöhnen Sie sich selbst mit Dingen, die aus dem Garten stammen.

Einen ganz normalen, vielleicht etwas langweiligen Garten in so einen Wellness-Garten zu verwandeln heißt nun nicht, dass Sie daraus zwangsläufig eine Baustelle machen müssen. Für einen Garten der Sinneslust reicht es, hier ein wenig hinzuzufügen, dort etwas wegzulassen und alles aufs Harmonischste miteinander zu verbinden.

Außerdem sollten Sie ein gesundes Mittelmaß finden zwischen dem ganz gewissenhaften und dem ganz faulen Gärtner: Tun Sie, was für Ihre Pflanzen notwendig ist, aber seien Sie nicht allzu penibel. Wenn man sich zudem nicht unter Zeitdruck setzt, stellt sich der Spaß meist von alleine ein.

**Eine Gartenbank unter Kletterrosen ist ein wahrhaft märchenhafter Ruheplatz**

## Inseln zum Träumen

Sitzplätze im Garten hat man nie genug. Da ist zum einen die Terrasse direkt am Haus: ideal fürs Sommerfrühstück, zum Grillen am Abend, für Gäste und Feste. Aber auch verschwiegene Winkel braucht jeder Gärtner: Um ein wenig zu träumen, in Ruhe zu lesen oder auch über neue Gartenpläne nachzudenken.

Das kann ein Liegestuhl sein, eine lauschige Bank, ein luftiger Pavillon. Oder gleich alle drei: Der Liegestuhl am Gartenteich, wo es an heißen Sommertagen immer ein wenig kühler ist, die Bank dort, wo die Blumen am schönsten duften, der Pavillon in einer verschwiegenen Gartenecke.

Gartenmöbel, die den größten Teil des Jahres draußen stehen, sollten wetterfest sein: aus Kunststoff, Hartholz wie Teak,

**TIPP**

**Schaffen Sie keinen perfekten Garten, sondern einen, der Ihnen gefällt. Der mehr Freude als Arbeit macht und Ihnen die Zeit zum Genießen lässt.**

Vor allem im Frühjahr, wenn die Glyzinie lange Blütentrauben trägt, ist dieser Sitzplatz ein Traum

Lassen Sie ihrer Verlegefreude freien Lauf: Rondell, Raute, Kreis – alles ist machbar

Eiche oder Ulme oder zumindest kesseldruckimprägniert. Korb- oder Rattanmöbel stehen besser unter einem schützenden Dach. Bei Metallmöbeln auf Qualität achten. Billigexemplare bekommen im Regen schnell Rostflecken.

## Fester Boden

Singleplätze kann man auch auf dem Rasen einrichten. Größere Sitzrunden brauchen einen festen Boden. Dafür bieten sich verschiedene Materialien an. Immer beliebter wird Granitpflaster, das fast unbegrenzt hält und sehr schön aussieht. Preisgünstiger ist Betonpflaster, das Sie mit Klinkerreihen oder Bändern aus Granit optisch aufwerten können. Holzpaneele sind dekorativ, werden aber bei Regen rutschig. Jeder Belag sollte in einem Kies- oder Sandbett verlegt werden, damit Regenwasser schnell versickert.

Planen Sie bei der Terrasse ein Gefälle vom Haus zum Garten von etwa zwei Prozent ein. Und achten Sie beim Mustermix auf ebene Flächen, damit Tisch- und Stuhlbeine gut stehen können.

Ideal für heiße Sommertage: der Sitzplatz am Gartenteich. Dort ist es immer etwas kühler

## Genügend Fläche

Wie groß die Terrasse am Haus oder ein größerer Sitzplatz im Garten sein muss, richtet sich nach den Möbeln. Für einen 80 x 80 cm großen Tisch und vier Stühle müssen Sie etwa 10 $m^2$ einplanen. Ein runder Tisch braucht einen Quadratmeter mehr. Bei einem Tisch für sechs Personen sollten Sie mindestens 12 $m^2$ einrechnen. Denken Sie daran, dass Grill, Sonnenschirm, Beistelltische und Kübelpflanzen zusätzliche Standfläche benötigen.

## Rückendeckung

Eine lauschige Ecke irgendwo im Garten sollte mindestens an zwei Seiten vor Wind und neugierigen Blicken geschützt sein. Ganz romantisch sind Blütenwände aus Kletterpflanzen, die am Spalier oder an Ranksäulen wachsen. Zu den schönsten kletternden Blühern gehören natürlich Rosen und Clematis, aber auch Geißblatt und Glyzine.

Wollen Sie eine Blütenwand schon im ersten Jahr, empfehlen sich einjährige Kletterer wie Duftwicken, Prunkwinde und Glockenrebe.

## Ein zweites Wohnzimmer

Wer gerne an kühleren, vielleicht sogar leicht verregneten Frühlings- oder Herbsttagen im Garten sitzt, sollte über eine Laube oder einen Pavillon nachdenken. Wobei so ein Gartenhaus natürlich auch wunderbar für einen gemütlichen Kaffeeplausch im sonnigen Sommer ist ...

Lauben können Sie aus Gitterwerk und leichtem Dach selbst bauen oder in den verschiedensten Versionen als Bausatz kaufen: Nach historischem Vorbild, ganz romantisch, mit asiatischer Teehausatmosphäre oder ganz modern. Viele Gartenhäuser brauchen eine Betonplatte als Fundament. Bei allen anderen Konstruktionen sollten Sie auf feste Verankerung der tragenden Elemente im Boden achten.

**TIPP**

**Setzen Sie zum Wohlfühlen ein paar duftende Blumen ringsum: Für Feierabendgenießer Wunderblumen und Ziertabak, für Tagträumer Vanilleblumen und Levkojen.**

**Schön für halbschattige Ecken: eine lauschige Laube, von Geißblatt umrankt**

Mit Stromanschluss und Heizung wird ein Pavillon zum zweiten Wohnzimmer.

Bei größeren Pavillons ist manchmal eine Genehmigung erforderlich. Außerdem müssen Sie einen Abstand zur Nachbarsgrenze einhalten. Erkundigen Sie sich bei Ihrem Bauamt!

Ein sinnliches Vergnügen vor allem für naturbewusste Gärtner ist eine „Öko-Laube“. Denn sie ist durch und durch Natur, besteht nur aus Blättern. Dazu werden Heckenpflanzen wie zum Beispiel Hainbuche oder auch Buchsbaum in einem großen Halbkreis gepflanzt. Beim Wachsen lassen sie sich so in Form ziehen, miteinander verflechten und zurechtschneiden, dass sie ohne jedes Gerüst ganz von allein die Wände einer grünen Laube bilden.

Allerdings braucht es Jahre, bis so eine Öko-Laube einigermaßen blickdicht und regenfest ist.

**10 Tipps für die perfekte Terrasse**

**1.** Wichtig ist die richtige Größe: Machen Sie sich einen Plan, was alles untergebracht werden soll.
**2.** Denken Sie an Sonnenschutz: Sonnenschirm, Markise, Pergola für eine Teilüberdachung oder ein fest eingebautes Dach.
**3.** Überprüfen Sie, ob Sie einen Sichtschutz zum Nachbarn oder einen Windschutz brauchen. Dafür empfehlen sich berankte Zäune oder eine Hecke.
**4.** Ist der Garten nicht zu klein, setzen Sie einen nicht zu hohen Baum an den Terrassenrand. Er gibt dem Garten Tiefe.
**5.** Wasser ist immer schön anzuschauen. Für Terrassen bieten sich Kübelteiche an.
**6.** Planen Sie eine Beleuchtung für laue Sommerabende ein: Windlichter auf dem Tisch oder elektrische Leuchten.
**7.** Zu einer Terrasse gehören viele Pflanzen. Ideal sind Kübelgewächse. Achten Sie dabei auf den richtigen Standort.
**8.** Blumen in den Randbeeten sollten nicht höher als 80 cm sein, damit Sie im Sitzen in den Garten schauen können.
**9.** Böschungen bei höher liegenden Terrassen sind ideal für Steingärten.
**10.** Als Terrassenheizung eignen sich Infrarotstrahler. Sie werden an eine Außensteckdose angeschlossen.

**So manch ein Pavillon kommt erst im Winter in seiner Schönheit, aber auch im Nutzen, voll zur Geltung**

# Pforten ins Paradies

Ein Blumenbogen im Garten scheint einen Blick in eine schönere Welt zu öffnen – ganz egal, ob er am Garteneingang Besucher willkommen heißt oder mehrere Gartenbereiche trennt und doch gleichzeitig verbindet.

Natürlich dauert es einige Zeit, bis der Bogen umwachsen ist. Aber auch von wenigen Blättern und Blüten gerahmt sieht er schon dekorativ aus. Manche Pflanzen wie der Knöterich wachsen so stark, dass nach wenigen Jahren überhaupt nichts mehr vom Gerüst zu sehen ist. Sie müssen deshalb immer wieder zurückgeschnitten werden.

## Lauschige Laubengänge

Mehrere Bögen hintereinander über einem festen Weg ergeben einen lauschigen Laubengang. Der lädt nicht nur zum Spaziergang ein, sondern bringt auch Spannung in den Garten.

Damit die Pflanzen wie ein Baldachin zusammenwachsen, werden die Bögen untereinander durch Querstreben oder Drahtgeflechte verbunden. Solche Laubengänge zogen sich früher durch viele Gartenanlagen. Einer der berühmtesten steht im Garten von Barnsley House in Gloucestershire, England. Überspannt wird er von Goldregen, der im Juni voll

**Ein richtiger Laubengang aus Apfelspalierbäumen vermittelt Geborgenheit, aber auch Lust aufs Naschen**

**Mit Clematis kann man fast alles beranken. Sie ist unermüdlich blühend**

goldgelber Blüten sitzt. Sensationell allerdings sieht der Laubengang aus, wenn im Mai die dazwischen gesetzten Glyzinen blühen und der Himmel voller blauvioletter Blütentrauben hängt. Heute sind Laubengänge seltener geworden, weil sie auf Minigrundstücken kaum Platz finden.

Zwei Möglichkeiten für kleine Gärten bieten sich dennoch an: Entweder führt der Laubengang gleich vom Tor aus in den Garten hinein oder er läuft entlang der Nachbarsgrenze. Dadurch wirkt der eigene Garten ein bisschen größer.

Damit man Bögen und Gänge bequem durchschreiten kann, empfehlen sich mindestens 150 cm Breite und 230 cm Höhe.

**Geranien am Gartenhäuschen**

## Klassische Kletterpflanzen

Stilvoll berankt werden die Bögen mit Kletterrosen. Ideal sind Sorten mit langen, dünnen Trieben wie die karminrosa ‘American Pillar’, die goldgelbe ‘Goldfinch’ oder die rote ‘Paul’s Scarlet Climber’. Genauso dekorativ ist duftendes Geißblatt. Machen Sie doch auch einmal einen Versuch mit Kletterbrombeeren oder mit Feuerbohnen.

Ein stabiler Laubengang kann eine Glyzine halten oder sogar einen Goldregen, dessen Äste sich leicht über bogenförmige Gerüste spannen lassen. Grundsätzlich sind mehrjährige Pflanzen besser geeignet als einjährige. Da sie aber meist

**Wer ausreichend Platz zur Verfügung hat, kann mit einem Laubengang dem Garten ein herrschaftliches Ambiente verleihen (hier: Efeu über Funkien)**

nicht so schnell wachsen, kann man am Anfang Einjährige dazwischen setzen.

Bögen aus Eisen sollten verzinkt oder mit Kunststoff ummantelt sein. Ist das nicht der Fall, müssen sie einen Rostschutzanstrich bekommen.

**Fester Halt**

Selbst gebaute Blumenbögen aus Holz, in Art einer Pergola, können mit ihren Pfosten in die Erde eingegraben werden, für einen festen Halt mindestens 60 cm tief. Allerdings muss das Holz gut imprägniert sein, sonst ist es nach ein paar Jahren verfault.

Besser sind Betonsockel als Fundament, die es fertig zu kaufen gibt. Auf die Sockel werden Pfostenanker geschraubt oder in bereits vorhandene Bohrungen einzementiert. In diese Anker werden die Bogenpfosten ebenerdig eingeschraubt.

**Rosenkelch neben Viola**

**Verschiedene Arten von duftenden Kletterpflanzen**

**Kletterpflanzen für Blumenbögen**

| Pflanze | Botanischer Name | Höhe in cm | Blütezeit | Standort | Pflegetipp |
|---|---|---|---|---|---|
| **Einjährig** | | | | | |
| Duftwicke | *Lathyrus* | bis 200 | VI–IX | sonnig | reichlich düngen |
| Glockenrebe | *Cobaea* | 300–400 | VII–X | sonnig | Vorkultur notwendig |
| Prunkwinde | *Ipomoea* | 200–300 | VIII–X | sonnig | sehr windempfindlich |
| Sternwinde | *Quamoclit* | 200–300 | VII–X | sonnig | durchlässige Erde |
| **Mehrjährig** | | | | | |
| Akebie | *Akebia* | 500–600 | IV–V | sonnig, halbschattig | Jungpflanzen entspitzen |
| Geißblatt | *Lonicera* | 200–600 | V–VII | halbschattig, schattig | öfter beschneiden |
| Glyzine | *Wisteria* | 600–1200 | IV–V | sonnig, halbschattig | gut feucht halten |
| Hopfen | *Humulus* | 400–600 | VII–VIII | sonnig, halbschattig | im Frühjahr Rückschnitt |
| Kletterrose | *Rosa* | 200–500 | VI–X | sonnig | Winterschutz |
| Knöterich | *Fallopia* | 800–1500 | VIII–X | sonnig, halbschattig | im Frühjahr Rückschnitt |
| Pfeifenwinde | *Aristolachia* | 400–1000 | VI–VIII | halbschattig, schattig | Winterschutz für Jungpflanzen |
| Trompetenblume | *Campsis* | 400–1000 | VII–IX | sonnig | Wurzelscheibe abdecken |
| Waldrebe | *Clematis* | 200–400 | V–X | halbschattig | Wurzelscheibe abdecken |

# Schmucke Stücke

Zierelemente im Garten sind so etwas wie das Salz in der Suppe. Sie runden einzelne Gartensituationen ab, geben ihnen den letzten Pfiff. Sie ziehen die Blicke auf sich, können dadurch gleichzeitig von anderen, weniger gelungenen Dingen ablenken.

Das Sortiment an Gartenschmuck ist kaum zu überschauen; der gute alte Gartenzwerg hat große Konkurrenz bekommen: gläserne Kugeln, in denen sich Sonne und Wolken spiegeln, Blumenstecker, die als Schmetterlinge, Blüten oder in anderer Form durchs Beet flattern, Tonkugeln und Terrakotta-Vasen, die wie zufällig im Gras liegen, Windräder, Klangspiele, Skulpturen aller Art und vieles mehr. Eine Reihe von Gießkannen, wie zufällig am Wegesrand aufgereiht, kann zum Blickpunkt werden, genauso wie ein schönes Rankgerüst oder eine Gruppe von Kübelpflanzen.

**Ob Schmuckstücke im Garten Kunst oder Kitsch sind, darüber lässt sich streiten. Wichtig ist die Harmonie zur Umgebung**

## Die Stilrichtung

Bei Gartenschmuckstücken ist zunächst einmal erlaubt, was Ihnen gefällt. Weniger ist allerdings oft mehr. Platzieren Sie lieber einige besonders schöne Stücke, statt Ihren Garten mit vielen verschiedenen Dingen zu überladen. Achten Sie darauf, dass der Gartenschmuck zum Stil des Gartens passt. Ein griechischer Faun

**Ein weiterer gern eingesetzter Zierrat im Garten ist die Rosenkugel**

als Statue ist in einem Bauerngarten irgendwie fehl am Platz, genauso wie ein japanisch anmutendes Wasserspiel aus Bambusrohren.

### Der richtige Platz

Neben der Auswahl gehört der Standort zu den Dingen, die man bei solchen Eyecatchern berücksichtigen muss. Bunte Glaskugeln passen nicht nur zu Rosen, sondern zu allen anderen Blumenbeeten. Immer sollten sie so hoch auf Stäben stecken, dass der Betrachter, ohne sich sehr zu bücken, in den Tiefen der Kugel die spiegelnden Wolken und andere Schönheiten betrachten kann.

Ideale Plätze für Skulpturen sind am Ende eines Weges oder mitten auf einer Wegekreuzung, aber auch in Mauernischen. Grundsätzlich gilt: Je kleinteiliger und unruhiger der Schmuck selbst ist, desto ruhiger sollte der Hintergrund sein. Außerdem sollten die Höhen harmonieren. Eine kleine Tonkugel unter einem Baum fällt kaum ins Auge.

Manchmal kann man einen Gartenschmuck einfach nicht mehr sehen. Dann hilft oft ein Platzwechsel. Zwischen anderen Pflanzen kann er wieder eine ganz sympathische Wirkung bekommen.

Kleinere Schmuckstücke können einen Treppenaufgang begleiten oder wirken, aufs Podest gehoben, voluminöser.

Auch ein Holzregal oder ein alter Tisch können ein schönes Stilleben aus allerlei Kleinkram präsentieren.

Zerbrechliche Schmuckstücke brauchen einen so festen Stand, dass ein starker Wind oder ein verirrter Ball sie nicht ins Wanken bringen.

Auf Podesten sollten Sie die Stücke festschrauben oder auf andere Art verankern. Steht eine schwere Statue auf der Erde, legen Sie besser eine Steinplatte unter, damit sie nicht im Boden einsinkt.

**Gut platziert und Blicke fesselnd, das ist echte Kunst der Gartengestaltung**

# Licht-Blicke

Mit wenig Mitteln viel erreichen kann man mit geschickt platzierter Beleuchtung in ungewohnter Umgebung

**TIPP**

**Wenn Sie Stromkabel nach draußen ziehen, sollten Sie auf der Terrasse auch eine Außensteckdose installieren.**

Nichts ist romantischer als ein Garten, der am Abend in Licht getaucht wird. Richtig eingesetzte Leuchten verwandeln ihn in eine Bühne. Niemals sollte ein beleuchteter Garten theatralisch wirken. Benutzen Sie deshalb keine grellen Scheinwerfer, sondern lieber einzelne kleine Leuchten. Schließlich wollen Sie die Nacht nicht zum Tag machen, sondern ihre Schönheit betonen. Illuminieren Sie deshalb nicht den ganzen Garten, sondern verleihen Sie eher den schönsten Ecken – einer lauschigen Bank, einem Gartenschmuckstück, einer besonders dekorativen Pflanzengruppe – nächtlich erhellenden Glanz.

Am besten testen Sie erst einmal, wie welche Gartenecken im Licht wirken. Nehmen Sie einen Strahler mit Erdspieß am langen Kabel und stecken ihn an den vorgesehenen Stellen in den Boden.

## Beleuchtung auf der Terrasse

Für den Tisch auf der Terrasse reicht oft schon ein Windlicht oder ein schönes Glas mit Kerze oder Teelicht. Am Zugang zur Terrasse und an der Treppe, die von einer höher liegenden Terrasse herabführt, brauchen Sie eine elektrische Leuchte. Das warme Licht von Glühlampen wirkt dabei immer schöner als kaltes Neonlicht. Halten Sie mit Außenleuchten Abstand vom Sitzplatz. Denn das Licht zieht Mücken an.

Besonders leicht lässt sich mit einem Windlicht in den Abendstunden eine romantische Stimmung zaubern

## Licht am Wegesrand

Der schönste Weg durch den Garten nutzt wenig, wenn man ihn in der Dunkelheit nicht findet. Damit Wegleuchten aber nicht aufdringlich wirken, sollte ihr Lichtstrahl immer nach unten gerichtet sein und den Betrachter nicht blenden. Planen Sie nicht zu viele Leuchten ein; normalerweise genügt ein Abstand von zehn Metern zwischen zwei Leuchten. An Wegkehren und an einzelnen Stufen im Wegverlauf sollte immer eine Leuchte stehen.

### Kabelsalat vermeiden

Planen Sie Ihr Licht im Garten so, dass Sie nicht unnötig Kabel ziehen müssen. Am besten machen Sie sich einen Plan. Dann wissen Sie auch, wenn es mal Probleme gibt, wo Sie graben müssen. Elektrische Leitungen im Freien sollten immer vom Fachmann verlegt werden. Kabel müssen durch ein Plastikrohr gezogen werden oder gummiummantelt sein und etwa 60 cm tief eingegraben werden. So werden sie nicht bei jedem Spatenstich ans Licht befördert.

Ganz ohne Kabel, dazu stromsparend, funktionieren Solarleuchten. Sie speichern am Tag Sonnenenergie und geben sie abends als Licht wieder ab.

# Zeit zum Verwöhnen

Jeder Garten bietet reichlich Streicheleinheiten – für die Seele, aber auch für Ihren Körper. Sie brauchen nur zuzugreifen. Badeöle, Cremes und andere Pflegemittel aus Kräutern und Blumen herzustellen, erfordert weder ein Labor noch Spezialwissen. Die Geräte finden Sie in der Küche, die Pflanzen im Garten, einige andere Zutaten in der Drogerie oder Apotheke. Gönnen Sie sich von Zeit zu Zeit ein richtiges Wellness-Weekend und machen Sie die eigene Wohnung zur Schönheitsfarm.

Stellen Sie nie mehr Schönheitsmittelchen her, als Sie in kurzer Zeit verbrauchen.

Denn selbst gemachte Produkte werden schnell ranzig. Kaufen Sie auch keine Zutaten auf Vorrat. Benutzen Sie zum Aufbewahren ganz saubere Keramik- oder Glasgefäße. Bewahren Sie die Garten-Kosmetika im Kühlschrank, nicht im Badezimmer auf. Machen Sie öfter mal eine Geruchsprobe.

## Baden – ein himmlisches Vergnügen

Schon Katharina die Große gönnte sich den Genuss eines Kräuterbades. Die Wirkung ist unterschiedlich, je nach Art der Kräuter: Kamille und Salbei pflegen die Haut, Lavendel und Melisse entspannen, Rosmarin macht beschwingt und munter.

Das Rezept: 150 g getrocknete Kräuter mit einem Liter kochendem Wasser übergießen, 15 Minuten ziehen lassen und durch ein Sieb in die Wanne geben. Wenn es schnell gehen soll, können Sie die Kräuter auf ein Stück Musselin geben, dieses mit einer Schnur zubinden und beim Einlaufen des Wassers unter den Hahn hängen.

Ein wahrhaft himmlisches Vergnügen ist ein Rosen-Bad: Der betörende Duft hebt die Stimmung, die pflegenden Substanzen machen die Haut weich und geschmeidig. Um selbst ein Rosenöl herzustellen, übergießen Sie Blätter duften-

**TIPP**

**Sauna fürs Gesicht. Das ist ein Gesichts-Dampfbad mit Rosenblättern, Ringelblume, Kamille oder Lavendel.**

**Entspannung pur erlebt man in einem Rosenblütenbad zumal die Blüten aus dem eigenen Garten stammen**

der Rosen mit reinem Pflanzenöl. In einem gut verschlossenen Gefäß vier Wochen stehen lassen, dann ist es badereit. Zwei Esslöffel Öl reichen für ein Bad.

Gegen müde Füße hilft ein Fußbad: Eine Hand voll Minze, Salbei und Thymian mit fünf Litern kochendem Wasser übergießen, etwas abkühlen lassen und dann so lange hinein mit den Füßen, bis sie frösteln.

Grundsätzlich kann man sagen: Für anregende Bäder sind etwa 34 Grad, für entspannende etwa 38 Grad Wassertemperatur ideal.

## Für schöne Hände

Sind Ihre Hände von der Gartenarbeit rau und aufgeschürft, hilft Majoran- oder Malvenblütensalbe. Die Rezeptur: Erhitzen Sie 50 ml Sonnenblumenöl. 50 g getrockneten Majoran oder Malvenblüten zugeben und über Nacht stehen lassen. Am nächsten Tag noch einmal erwärmen und durch ein Leinentuch in einen Becher füllen. Zehn Gramm Bienenwachs im Wasserbad schmelzen und untermischen.

## Schönheit essen

Wussten Sie schon, dass Brokkoli nicht nur gut schmeckt, sondern auch frühe Falten verhindert? Auch knackig grüne Bohnen sind ein Jungbrunnen für Haut und Haar. Avocados sind ideal für trockene Haut. Ananas und Pfirsiche sorgen für frischen Teint und die Jugendlichkeit der Zellen. In Kiwis sitzt reichlich Vitamin C, das ebenfalls wichtig für den Hautaufbau ist. Also: Greifen Sie zu und genießen Sie den Garten mit all seinen Möglichkeiten.

**Aus Ringelblumenextrakten lassen sich Cremes und Öle zur Eigenverwendung leicht herstellen**

**Aus Südfrüchten wie Ananas, Papaya, Sternfrucht und anderen kann man in der kalten Jahreszeit herrlich schmeckende Vitamincocktails herstellen**

# Register

**Bildnachweis**

**Fotos:** Pflanzenarchiv MFW, Basel: 9 o., 15 o., 35 u., 38 u., 54 u., 59 o., 74 (2x), 91; Wolfgang Redeleit, Bienenbüttel: 3, 7, 8, 15 u., 16 (2x), 17 o., 30 (3x), 31 o., 32 u., 33 o., 37 o., 44 u., 53 o., 60 M., 84 u.; Reinhard-Tierfoto, Heiligkreuzsteinach-Eiterbach: 1, 2, 5, 6, 9 u., 11, 12, 14 (2x), 17 u., 18, 20 (2x), 22/23 (4x), 25, 26/27 (6x), 28, 29, 31u., 32 M., 33 u., 35 o., 36 (2x), 37 u., 38 o., 40, 41 (2x), 42, 43 (2x), 44 o., 45, 47 (2x), 48 (3x), 49 (3x), 50, 51, 52 (3x), 53 M. und u., 54 M. und o., 55 (2x), 56, 57 (3x), 58 u., 59 M. und u., 60 o., 61, 62 (2x), 63 (2x), 64 (3x), 65 (3x), 67, 68, 69, 70 (3x), 71 (2x), 72 (3x), 73, 75 (2x), 76 (2x), 77 (2x), 78, 80 (3x), 81, 82, 83, 84 M. und o., 85, 86, 87 (2x), 88 (2x), 89 (2x), 90 (2x), 92 (2x), 93, 94 (2x).

**Zeichnungen:** Ulrike Hoffmann: 19, 46 M., 66 (3x), 79 (3x); Archiv: Horst Lünser: 39, Gerhard Scholz: 49 o. und u.

**Umschlagbilder:** Titelbild groß und Einklinker vorne (1. und 4. Bild von li.): Ellen Fischer, Weisenheim / Berg; Einklinker vorne 2. Bild von li.: blickwinkel/A. Milkova, Witten; 3. und 5. Bild von li.: Reinhard-Tierfoto, Heiligkreuzsteinach.

**In Zusammenarbeit mit der Zeitschrift FLORA, Hamburg.**

**Bibliografische Information Der Deutschen Bilbliothek**
Die Deutsche Bibliothek verzeichnet diese Publikation in der Deutschen Nationalbibliografie; detaillierte bibliografische Daten sind im Internet unter http://dnb.ddb.de abrufbar.

ISBN 3-8001-4401-8


Wollgrasweg 41, 70599 Stuttgart (Hohenheim)
Internet: www.ulmer.de

**Projektleitung:** Ute Rather
**Redaktion:** Cordula Beelitz-Frank
**Herstellung und Satz:** FROMM MediaDesign GmbH, Selters/Ts.
**Reproduktion:** Lithotronic, Frankfurt
**Einbandgestaltung:** Michaela Mayländer, Stuttgart
**Druck und buchbinderische Verarbeitung:** aprinta, Wemding
Printed in Germany